煤矿安全隐患智能识别模型及其应用系统

刘海滨 刘 浩 王竞陶 著

中国矿业大学出版社

·徐州·

内 容 提 要

本书分析了蕴含在煤矿各类系统产生的视频图像数据和时间序列数据中的隐患特征,并对隐患进行了分类,初步设计了不同隐患识别思路,给出了数据收集、数据增强和数据合成等方法,构建了煤矿安全隐患数据集;利用煤矿安全隐患视频图像数据集,采用 YoloX、AlphaPose、ST-GCN、MonoFlex 等深度学习模型,构建了基于视频图像数据的静态、动态和复杂类别安全隐患智能识别模型;利用煤矿安全隐患时间序列数据,采用 LSTM、GRU 和 GPT 等模型,构建了基于时间序列数据的安全隐患智能识别模型;综合采用 Kubernetes+Docker、Flink、Triton Server、DeepStream 和 TensorRT 等技术,基于 Vue 框架实现了桌面端和移动端两套应用层 App 的设计,完成了煤矿安全隐患智能系统的初步开发和应用。

该书适合高等院校煤矿安全类、计算机专业类学生以及相关专业工程设计人员参阅。

图书在版编目(CIP)数据

煤矿安全隐患智能识别模型及其应用系统 / 刘海滨,刘浩,王竞陶著. —徐州:中国矿业大学出版社,
2024.2

ISBN 978-7-5646-6179-3

Ⅰ. ①煤… Ⅱ. ①刘… ②刘… ③王… Ⅲ. ①煤矿—安全隐患—自动识别—模型 Ⅳ. ①TD7

中国国家版本馆 CIP 数据核字(2024)第 049483 号

书 名	煤矿安全隐患智能识别模型及其应用系统
著 者	刘海滨 刘 浩 王竞陶
责任编辑	路 露
出版发行	中国矿业大学出版社有限责任公司
	(江苏省徐州市解放南路 邮编 221008)
营销热线	(0516)83885370 83884103
出版服务	(0516)83995789 83884920
网 址	http://www.cumtp.com E-mail:cumtpvip@cumtp.com
印 刷	江苏淮阴新华印务有限公司
开 本	787 mm×1092 mm 1/16 印张 7.25 字数 185 千字
版次印次	2024 年 2 月第 1 版 2024 年 2 月第 1 次印刷
定 价	40.00 元

(图书出现印装质量问题,本社负责调换)

前　言

我国煤矿多以井工开采为主,受地质和开采条件限制,多数煤矿生产系统复杂,井下生产环境差,作业人员多,隐患问题突出,极易发生事故。为了实现安全生产,煤矿设置安监部门和专业人员对生产过程进行各种形式的安全监督检查和隐患排查治理工作,为此投入了大量人力、财力和物力,但仍未能彻底解决安全生产问题。随着信息和通信技术的快速发展和广泛应用,煤矿信息化工作正逐步从数字矿山、感知矿山建设阶段向智能矿山建设阶段推进,这无疑将为煤矿安全生产的技术、工艺和管理方式创新提供技术支撑。

当前,自动化、物联网、互联网、云计算和人工智能等技术已开始在煤矿生产和管理工作中得到应用,并由此产生了大量的数值、音频、视频和图片等各种数据和信息,如何利用这些数据和信息解决煤矿安全管理问题已成为多方关注和研究的热点。在 2021 年修订的《中华人民共和国安全生产法》中,明确要求生产经营单位构建安全风险分级管控和隐患排查治理双重预防机制,健全风险防范化解机制。在此背景下,本书以智慧矿山各类系统经过监测、感知和运行产生的多源数据为基础,构建了视频图像类和时间序列类训练数据集,并对训练数据集进行增强和合成处理。在此基础上,采用人工智能算法,通过深度学习分别构建了基于视频图像数据和时间序列数据的煤矿井下隐患智能识别模型,并将其与云计算和大数据等技术进行了整合,设计了能够应用于实际生产环境的系统平台。

全书共分六章。第 1 章阐述研究背景与意义,分析总结了国内外研究进展,确定了研究内容、研究方法和技术路线;第 2 章阐明了相关概念和建模方法,阐述了研究所采用的基础模型、模型融合方法、模型评价指标和模型框架;第 3 章分析了蕴含在视频图像数据和时间序列数据中的安全隐患特征,并对安全隐患进行了分类,初步设计了不同隐患识别方法,给出了数据收集、数据增强和数据合成等的方法,构建了煤矿安全隐患数据集;第 4 章利用煤矿安全隐患视频图像数据集,采用 YoloX、AlphaPose、ST-GCN、MonoFlex 等深度学习模型,构建了基于视频图像数据的静态、动态和复杂类别安全隐患智能识别模型;第 5 章利用煤矿安全隐患时间序列数据,采用 LSTM、GRU 和 GPT 等模型,构建了基于时间序列数据的安全隐患智能识别模型;第 6 章综合采用 Kubernetes＋Docker、Flink、Triton Server、DeepStream 和 TensorRT 等技术,基于 Vue 框架实现了桌面端和移动端两套应用层 App 的设计,并初步完成了煤矿安全隐患智能识别系统的开发。

全书由刘海滨、刘浩和王竞陶共同撰写完成。其中,研究问题提出、研究框架和内容确定、研究方法和技术路线选择等由刘海滨和刘浩讨论商定,具体研究工作主要由刘浩完成并撰写初稿,王竞陶参与了部分模型构建工作。全书最终由刘海滨审核定稿。

本书可为煤矿安全管理智能化建设理论研究和现场实践提供参考,也可供高等院校相关专业本科生和研究生学习参考。

感谢所有为本书的研究、撰写和出版提供帮助的研究生和同事、相关煤矿领导和技术人员。

由于时间和能力所限,疏漏和不足之处在所难免,恳请读者批评指正。

著 者

2023 年 8 月

目　　录

1 绪 论

1.1 研究背景与意义

1.1.1 研究背景

长期以来,我国以化石能源为主,煤炭在能源生产和消费结构中一直保持着相当高的比例。在"碳达峰和碳中和"目标约束下,煤炭行业转型发展是必然趋势。随着煤炭供给侧结构性改革的推进,一批产能落后矿井被关闭,全国煤矿数量大幅减少,煤矿单井生产规模和人均工效显著提升,矿井生产和开采条件得到极大改善,机械化和自动化水平在不断提高。同时,国家陆续颁布政策、制定规划和出台标准,推动煤矿改造升级,大力推进智慧煤矿建设工作。

在 2015 年通过的《中国制造 2025》战略中,明确指出智慧矿山是制造强国战略目标的重要组成部分,也是确保煤矿安全生产、清洁环保、减员增效的重要举措;在 2016 年国土资源部发布的《全国矿产资源规划(2016—2020 年)》中,明确提出"十三五"期间要大力推进矿业领域科技创新,加快建设数字化、智能化、自动化矿山;在 2016 年国家能源局印发的《煤炭工业发展"十三五"规划》中,提出建成集约、安全、高效、绿色的现代先进高效的智慧煤矿,促使煤炭企业生产效率大幅提升。我国自 2018 年 5 月 1 日起,由国家质量监督检验检疫总局、国家标准化管理委员会联合发布的国家标准《智慧矿山信息系统通用技术规范》(GB/T 34679—2017)正式实施,标志着智慧矿山建设以国家标准的形式开始落地推广。2020 年 3 月,国家发展改革委等八部委共同印发了《关于加快煤矿智能化发展的指导意见》,指出煤矿智能化是煤炭工业高质量发展的核心技术支撑,到 2021 年,建成多种类型、不同模式的智能化示范煤矿;到 2025 年,大型煤矿和灾害严重煤矿基本实现智能化;到 2035 年,各类煤矿基本实现智能化。2021 年 6 月,在国家能源局和国家矿山安全监察局印发的《煤矿智能化建设指南(2021 年版)》中,对总体要求、总体设计、建设内容、保障措施等智慧矿山的建设标准进行了指导说明,统一了矿山智能化建设质量标准。

随着安全高效煤矿建设的推进,煤矿智能化开采示范工程陆续开始落地建设。人工智能、云计算、大数据、物联网等技术在煤矿中得到了推广和应用,先进信息和通信技术正逐步与新型采煤技术、采煤工艺和先进管理方式相融合,实现煤矿安全生产和运营管理水平的跨域式发展,矿山信息化建设开始步入智慧矿山时代。智慧矿山指基于现代智慧理念,将物联网、云计算、大数据、人工智能、自动控制、移动互联网、机器人化装备等与现代矿山开发技术相融合,形成矿山感知、互联、分析、自学习、预测、决策、控制的完整智能系统。

智慧矿山建设不仅可为煤矿安全生产工作提供强有力的技术支撑,而且将推动煤矿安全管理手段和模式得到创新。随着煤矿信息化和智能化工作的开展,各种监测监控设备和系统以及管理信息系统投入使用,逐步实现了对井下人员以及环境和设备的感知、监测和监控,并积累了大量的数字、音频、视频、图像等各种数据和信息。对这些数据和信息的分析和处理,为及时发现和掌握煤矿安全风险和事故隐患、避免事故的发生提供了可能。这些数据和信息不仅规模庞大,而且种类多、结构复杂,数据更新速度快,具有明显的大数据特征,传统的数据分析和处理方法难以实现对这些数据和信息的深层次挖掘,无法实现其潜在的价值。

近些年,尽管我国煤矿安全生产形势持续好转,安全管理水平不断提高,但智慧矿山建设对煤矿安全生产提出了更高要求,对煤矿生产和运营过程中各类风险和事故隐患的自动感知、识别排查和科学治理将是智慧矿山建设的主要内容之一。因此,如何利用煤矿生产和运营中产生和积累的各类数据为煤矿安全生产赋能,已成为当前智慧矿山建设中的热点和难点问题。利用云计算、大数据、人工智能等技术手段,构建煤矿安全隐患智能识别模型,搭建煤矿隐患智能识别系统,将是实现煤矿安全管理智能化的方向和路径。

1.1.2 研究意义

当前,机械化、自动化、互联网、物联网、移动通信网等相关技术以及各类信息系统已在煤矿得到广泛应用,由此产生了规模庞大的各类数据,这其中包含人的行为数据、设备的状态数据、环境的变化数据和系统的运行数据等。煤矿现在运行的各类视频监控系统所拍摄的影像数据蕴含矿井不同场景中人、机和环境的风险及事故隐患信息;煤矿中布设的各类传感器获取的如各类设备声音和振动,工作面瓦斯和一氧化碳浓度,工作场所温度、湿度、噪声和矿压等数据也蕴含设备和环境的风险及事故隐患信息。对这些海量数据的收集、存储和深层次挖掘可以帮助及时、准确地掌握煤矿生产及相关系统运行的状态,科学、精准地进行决策和施策,从而提高煤矿安全管理水平。

因此,本书将在充分分析煤矿安全大数据和隐患特征基础上,针对不同数据类型和隐患类别,构建不同的隐患智能识别模型,并设计开发集成化的隐患智能识别系统,使构建的隐患识别模型能够在实践中得以应用。

1.1.2.1 理论意义

(1)拓展了大数据分析的应用领域。从大数据分析的视角,研究煤矿生产及相关系统中产生的海量数据特征及其中蕴含的事故风险和隐患信息,采用以深度学习模型为代表的人工智能模型构建不同类别事故隐患智能模型,充分利用数据间内在联系和关联关系实现对事故隐患的智能识别,将大数据分析技术引入煤矿安全管理领域,拓展了其应用场景和范围。

(2)丰富了煤矿安全风险管控的方法体系。近年来,大多数煤矿已经建立了风险分级管控和隐患排查治理机制。在对煤矿安全风险进行分级时,一般采用经验分析法,受专家的主观因素影响,其结果存在较大误差;在进行隐患排查时,一般采用现场检查和人为判别的方法,效率低且投入大,难以保证隐患排查的全面性。利用本研究构建的隐患智能识别模型和设计开发的隐患智能识别系统可以很好地解决上述问题,为煤矿安全风险管控体系的实施和运行提供了有力支撑。

(3)充实了智慧煤矿系统平台建设的内容和方案。本书构建的不同类别事故隐患智能识别模型以及设计和开发的隐患智能识别系统,使来自不同系统、传感器的数据能够准确、快速地汇集和处理并输送至相应的识别模型,再将识别结果传递到下一级应用程序以完成后续的处理工作。因此,该研究成果作为智慧煤矿安全管理智能化解决方案的核心内容,必将成为智慧煤矿系统平台建设的重要组成部分。

1.1.2.2 实践意义

(1)为煤矿隐患识别和排查提供了智能工具。传统煤矿隐患识别和排查方法主要以人工巡检为主,辅以传感器报警。采用本书所构建的事故隐患智能识别模型,煤矿可以充分利用现有各类系统产生的海量数据实现对事故隐患的智能识别。与传统的人工巡检相比,基于人工智能模型的隐患识别方法实时性好、准确率高,而且可大幅减少专业和兼职安监人员数量,提高煤矿安全管理的效率和效益;与传统的传感器超限报警相比,人工智能算法能够综合多个传感器及其历史数据进行风险预测,真正实现安全关口前移,降低事故发生率,提升矿井安全水平。

(2)为煤矿安全管理智能化系统建设提供技术支撑。煤矿安全管理信息系统已在矿井得到广泛应用,且多数系统都包括风险分级管控和隐患排查治理功能,这两部分功能都需要人工参与才能完成。本研究构建的事故隐患智能识别模型真正实现了事故隐患识别的自动化和智能化,设计和开发的集成化隐患智能识别系统,既可以单独使用,也可以与煤矿现有运行的系统集成,成为煤矿安全管理智能化系统的子系统,使煤矿安全管理智能化理念和技术在实践中得以落地。

(3)为煤矿类似隐患智能识别模型构建提供了训练方法。在智慧煤矿系统平台建设中,需要构建类似实现隐患智能识别的各种模型,模型训练是这些模型构建的重要环节,但通常会存在数据集不充足或者样本不均衡的问题。本书在隐患智能识别模型研究中采用的数据增强和人工合成训练数据的方法,以及采取的预训练+模型微调的训练方式,实现了模型训练效果的提升,为类似问题的解决提供了思路和方法。

1.2 国内外研究现状

1.2.1 智慧矿山研究与实践

智慧矿山的概念最早可以追溯到 1992 年芬兰的智能矿山(Intellimine)计划,该计划涉及采矿过程实时控制、矿山信息网建设和自动控制等 28 个专题。1999 年,"数字地球国际会议"首次提出数字矿山概念。2009 年后,智能地球理念促生了智能采矿、感知矿山、智能矿山等概念。

随着科技的发展,各种自动控制、AI、5G、云计算、大数据等先进技术不断应用到煤矿生产和管理实践中,智慧矿山的内涵不断丰富,国内外学者从多个方面对智慧矿山开展了研究。王国法等给出了被广泛接受的智慧矿山的定义。谭章禄等和王国法等指出智慧矿山标准滞后,煤矿智能化标准建设缺乏统筹规划的顶层设计、规范不明确和出现重复建设等问题,进而构建了智慧矿山标准体系框架并规划了标准体系建设路径。徐静等基于智慧地球理念构建了包含感知层、深度互联层和智能应用层的智慧矿山系统 3 层架构。毛善君等对智慧矿山的特性进行了总结,认为其能够全面感知,能够预测趋势,能够优化决策,能够进行"一张图"展示、业务协同和智能管控,能够实现本质安全。刘海滨等从煤矿组织结构、安全管理、生产和销售管理、质量管理、设备管理、成本管理、人力资源管理方面对智慧矿山的管理创新问题进行了研究。王国法等总结了当前不同集团智慧煤矿的阶段性创新成果,指出我国煤矿智能化尚处于初级阶段,从采、掘、机、运、通等多个方面对智慧矿山建设中的技术难题与关键技术进行了深入探讨。刘峰等、庞义辉等、陈晓晶等、吕鹏飞等从煤矿信息化标准、技术架构、管控平台、核心技术与装备、建设思路等方面,对智慧矿山建设进行了系统研究,为我国智慧矿山建设的创新与发展提供了思路和建设方案。

自 2018 年以来,国内一些大型煤炭企业开始加大智慧矿山建设投入,积极引入各种先进采煤、通信和管理等技术,推动煤矿智能化建设进入快速发展阶段。2020 年,国家能源局和国家煤矿安全监察局印发了关于开展首批智能化示范煤矿建设的通知,公布了《国家首批智能化示范煤矿建设名单》,确定了 71 处国家首批智能化示范建设煤矿,其中包括 5 处露天煤矿和 66 处井工煤矿。目前,首批示范煤矿已建成 500 多个智能化工作面。这些煤矿的生产和管理逐步融合了 AI、区块链、大数据、云计算、智能机器人等技术,初步实现了煤矿开采的全流程信息化和智能化,标志着我国智慧矿山建设取得了初步成果。

1.2.2　煤矿安全隐患识别方法研究

隐患排查和治理是预防事故发生的有效手段,为了在事故发生前发现隐患并将其消除,学者们提出了不同的隐患识别模型和方法。总体来看,环境和设备类隐患的识别方法多为回归和分类模型,在采用回归模型进行隐患识别时,通常对表征某一种危险源危险性的特征指标值如瓦斯浓度、矿压等进行预测,依据预测结果进行判别;采用分类模型进行隐患识别时,则直接预测隐患是否发生。对不安全行为的识别则多采用基于计算机视觉的目标识别模型和分类模型。

环境类隐患识别问题的研究成果较多。邵良杉根据瓦斯灾害特点,建立了瓦斯灾害特征知识库,采用基于信息熵准则优化的粗糙集理论模型实现了瓦斯灾害的预测。温廷新等采用核主成分提取方法、遗传算法和 BP 神经网络构建的组合模型对煤矿开采中瓦斯爆炸事故风险进行识别,以提升煤矿对于瓦斯爆炸事故的应急防范能力。P. Jia 等设计了一种用于预测煤矿瓦斯浓度的 GRU 模型,其预测结果优于 SVR、BPNN、RNN、LSTM 等模型。李润求等提出一种将自组织数据挖掘与空间重构方法相结合的模型对煤矿瓦斯涌出量进行预测。赵旭生等基于事故树模型构建了煤与瓦斯突出预警指标体系框架;从生产系统缺陷、客观突出危险、防突措施缺陷、防突隐患管理等 4 个方面对煤与瓦斯突出隐患做分类,为相关预警模型、预警方法以及预警系统开发提供理论支撑。付华等提出一种基于量子群和 LSTM 算法的瓦斯涌出量软测量模型。R. Liang 等建立了用于预测瓦斯浓度的双向 GRU 神经网络模型,该模型具有比单向 GRU 更高的准确率。Y. H. Xu 等采用 Stacking 的方式,融合随机森林 GBDT 等算法,建立瓦斯浓度预测模型。D. Prasanjit 等融合 t-SNE、变分自编码器和双向 LSTM 模型构建了井下瓦斯浓度预测模型,并在印度的一处煤矿中取得了较好的试验效果。温廷新等采用核主成分提取方法、粒子群算法和基于径向基核函数的支持向量机模型实现了矿井突水水源的识别。Y. Zhang 等建立了煤层突水因素指标体系,并在此基础上采用 GRU 模型实现了煤矿突水事件的动态预测。B. Li 等建立了基于 PCA-FDA 模型的煤矿突水水源识别模型,实现了煤矿突水水源的识别,该模型的效果高于单一识别模型。G. Wang 等建立了融合极限学习机、粒子群优化算法和蚁群算法的煤矿突水隐患预测模型。P. C. Yan 等采用麻雀搜索算法对 BP 神经网络进行了优化并对井下水源进行了预测。H. Zhang 等建立了基于贝叶斯识别模型的井下突水水源识别模型,并在祁南煤矿验证了该模型的有效性。X. Y. Qu 等建立了基于灰色评价法的突水隐患风险评价模型。M. C. Zhang 建立了基于粒子群和神经网络的冲击地压预测模型。E. Danish 等以 Adularya 煤矿数据为基础,建立了基于模糊逻辑方法的火灾预测模型,该模型以 CO、O_2、N_2 和温度为输入,火灾强度为输出,在 Adularya 煤矿的试验中获得了较高准确率。曾庆田等构建了一种基于 Prophet 和 LSTM 算法的组合模型,实现了工作面矿压变化趋势的有效预测。

煤矿设备类隐患多为潜在性故障,这类隐患识别模型多为故障诊断模型。郑磊基于 LSTM 网络建立工作面设备故障预测模型,实现了井下设备故障的超前预测。冯晨鹏提出一种基于集合经验模态分解与 SVM 结合的方法,实现对采煤机摇臂轴承故障的识别。王超等采用 LSTM 网络对齿轮箱轴承温度进行预测,并通过滑动窗口对预测残差进行分析处理和设定相应的规则,实现对齿轮箱轴承故障的预测。王勇等采用 BP 神经网络模型实现了采煤机齿轮箱故障的早期诊断。韩燕等基于小波能量谱熵、BP 神经网络和 Adaboost 融合模型提出了一种采煤机摇臂轴承故障诊断方法,能够有效地识别采煤机摇臂轴承故障。秦忠诚等基于概率神经网络设计了一种用于输送机故障的诊断模型。王义涵等提出了一种融合集合经验模态分解方法和自组织特征映射神经网络方法的主通风机诊断模型,实现了机械故障及故障类型的诊断。刘旭南等利用仿真软件模拟真实情况获取数据,并采用小波分析和 Elman 神经网络建立了故障诊断模型,实现了采煤机截割部传动系统故障诊断。任志玲等提出一种基于改进 CenterNet 运煤皮带异物隐患检测模型。任国强等提出了一种基于 Fast YoloV3 算法的煤矿胶带运输异物隐患检测模型。

对于人的不安全行为识别,主要采用计算机视觉模型对相关视频监控数据进行分析和判断。温廷新等提出了一种基于迁移学习与残差网络的不安全行为检测模型,能够对走路、坐下、弯腰、下蹲等安全行为和摔倒、投掷等不安全行为进行识别。谢逸等将不安全行为分为人身检测、侵入性检测和多人协同作业检测三种类型,并采用 HOG(方向梯度直方图)+ SVM 模型实现了上述三种不安全行为的识别。赵江平等基于 HOG+SVM+帧间差分+人体中心识别方法,对人的行走、下蹲、弯腰和摔倒等动作进行动态识别。卢颖等提出一种基于 Kinect 传感器的不安全行为识别方法,能够识别抽烟、挥拳和挥手呼救等行为。王雨生等提出了一种基于 OpenPose 姿态估计模型和 RetinaNet 分类模型的人员佩戴安全帽检测方法,该方法采用 OpenPose 模型获取人的头部图像并采用 RetinaNet 对所获取的图像进行是否佩戴安全帽的分类检测。徐守坤等和王兵等提出了一种基于 YoloV3 模型的安全帽佩戴检测方法。田文洪等基于 CNN 神经网络提出了一种驾驶员不安全行为识别模型,能够较为准确识别出打电话、吸烟以及不系安全带等不安全行为。W. C. Xiao 等提出了一种基于注意力机制的 CNN 神经网络,实现对驾驶员不安全行为的识别。刘斌等基于井下人员轨迹数据,对煤矿领导是否带班下井、是否存在代打卡、作业人员是否超时作业的识别方法等进行了研究。

1.2.3 煤矿安全隐患管理信息系统研究

管理信息系统(Management Information System,MIS)是一个以人为主导,由计算机、软件、通信、数据库等技术组成用于信息管理的系统。其基本功能包括数据处理、计划、控制、预测和辅助决策等功能。管理信息系统的功能随着技术发展和进步在不断更新,对数据的处理和分析能力也越来越强大。近年来,各类专业化的管理信息系统已在煤矿中广泛应用,特别是一些与安全生产和管理相关的信息系统被研发出来,在煤矿安全管理实践中发挥了重要作用。

M. Deng 等基于数据挖掘技术设计了一套煤与瓦斯突出事故预警系统,实现了煤与瓦斯突出事故的预警。谈国文从模型、软件、机制及装备等多个方面入手,构建了适用于复杂矿井的瓦斯突出灾害预警系统,实现了煤与瓦斯突出灾害的多参量准确预警和及时发布。王恩元等在对瓦斯灾害与风险隐患的大数据特征进行分析的基础上,提出了基于瓦斯隐患识别与危险性预警方法,并开发了煤矿瓦斯灾害风险隐患大数据监测预警云平台,实现了瓦斯隐患的大数据动态监测、识别和预警。陈小林提出了一种基于量化管理的煤矿安全隐患管理系统解决方案,该方案将煤矿安全隐患的闭环处理、隐患分析、事故致因分析有机地整合在一起,从而缩短了隐患的处理时间,提升了安全管理质量。吴开兴等基于 ASP. NET 技术和 SQL Server 数据库设计 B/S 架构的煤矿安全管理与评价系统,实现对煤矿安全工作中的安全事故、安全隐患和安全培训等信息的管理、统计分析和安全评价等功能,为企业的安全管理决策提供了支持。张俭让等基于煤矿安全双重预防工作机制,设计了包含风险分级管控、隐患排查治理、手机 App、在线公告、学习等多种功能模块的煤矿安全管理系统,实现了煤矿安全管理的自动化办公,为煤矿安全标准化工作开展提供了支持。G. Sun 等提出了一种建设矿山压力监控信息数据仓库的办法,并通过联机分析处理(Online Analytical Processing,OLAP)技术和数据挖掘技术实现了矿山压力相关风险隐患的分析识别。刘海滨等根据我国煤矿信息化水平和安全管理特点,分析了煤矿安全数据分析与辅助决策云平台主要服务功能需求,提出了基于 IaaS、PaaS 和 SaaS 层次的煤矿安全数据分析与辅助决策云平台的系统框架。B. JO 等设计了一套井下实时环境监测和人员轨迹追踪系统,该系统采用物联网、云计算技术将实时监控和定位以及数据分析无缝集成,实现了环境异常状态识别和人员定位,有效提升了煤矿安全管理水平。李春鹤基于云计算、大数据、物联网、Web GIS 等技术,研究设计了煤矿双重预防管理平台,实现了基于"一张图"的煤矿风险分级管控和隐患排查治理。杨勇等在建立煤矿安全隐患认定标准、隐患排查治理的技术方法和流程的基础上,研发了相应的信息系统,实现了安全隐患的实时闭环管理,解决了煤矿隐患管理运行机制不健全、管理流程不畅通、信息化程度低的问题。张宇驰等设计了基于视频技术的煤矿在线应急预警系统,系统包括井内控制层、地面网络层和在线应急预警层,实现了煤矿的在线应急预警。程晓阳等以瓦斯监控数据源为基础,运用统计学手段,建立了一套集服务端、客户端和信息发布平台为一体的瓦斯突出预警系统。谭章禄等在总结分析了煤矿隐患排查治理工作主要问题的基础上,设计了基于数据挖掘的,集成标准化、管理运维、信息安全、可视化四大体系的煤矿安全隐患排查管理平台,实现了隐患的自动化和精细化管理。毛善君等针对智能矿井建设需要监控实时化、系统集成化、数据海量化、控制协同化和决策在线化的实际需求,提出了融合 GIS"一张图"的智慧矿井安全生产大数据集成分析平台;开发了包括煤矿安全状况评估打分子系统、煤矿安全问题推理解释子系统、诊断任务配置与管理子系统在内的安全生产大数据动态诊断系统,为煤矿安全管理提供决策支持和协同管控服务。D. Prasanjit 等建立了基于物联网的煤矿瓦斯隐患预测系统,并基于 CNN 和 LSTM 的融合模型对井下人员安全指数和瓦斯浓度进行了预测。Y. Q. Wu 等基于物联网技术,建立井下安全管理信息系统,该系统包扩支撑层、感知层、传输层、服务层、数据层和应用层六个层级。Y. F. Zhao 等建立了基于随机森林的煤矿隐患识别和预警系统,该系统具有低误差和快速反应等特性。卢新明等以煤矿动力灾害本源预警理论、方法和技术方案为核心,把煤矿动力灾害发生机制和演化规律的宏观定性描述及其相关的概化模型转化为可以在线计算的数学力学表述模型;采用 SOA 服务架构、矿山物联网大数据和云计算框架,开发并部署了煤矿事故风险分析平台,实现煤矿重大动力灾害超前感知和预警。

1.3 研究评述

当前,我国智慧矿山理论研究和现场实践工作稳步推进,成效显著。煤矿隐患识别方法和安全管理信息系统研究亦取得一定进展。为了实现智慧矿山建设从试点到全面落地,仍有诸多关键技术和管理问题亟待解决。

(1)在智慧矿山研究和实践中,重视理论研究与实际应用的结合。在理论研究中,学者们主要从智慧矿山定义、技术架构、技术与装备、管控平台等方面进行研究和讨论,给出了智慧矿山的画像和建设前景,明确了智慧矿山建设的思路和路径。在实际应用中,智能化示范煤矿建设工作取得重要进展,一批智能化工作面初步建成,相关技术和装备得到发展和应用。总体来看,在智慧矿山建设中,管理创新明显落后于技术装备和工艺研发,是当前智慧矿山建设和运行中的薄弱环节。

(2)在智慧矿山安全运行中,隐患排查和治理仍是保证其安全生产的重要手段。在隐患识别研究中,关于环境类隐患识别的研究成果较多,关于设备类隐患和人的不安全行为识别的研究相对分散,如何利用智慧矿山生产和运行中产生的大数据进行煤矿安全隐患的智能识别尚无完整的解决方案。由于来自智慧矿山各类生产和管控系统中的视频图像数据和时间序列数据蕴含不同类别隐患的信息,这些信息和隐患之间多为非线性关系,具有模糊性和不确定性,传统模型对其处理和分析能力低,对隐患的识别精度相对较差。因此,迫切需要采用新技术新方法构建新模型,通过对这些信息的深层次挖掘,提升对相关隐患的识别能力。

(3)煤矿现已建成多个与隐患排查和治理相关的系统,这些系统设计和开发的目标、时间和所针对的对象各不相同,受开发时各种条件限制,其采用的开发技术、计算模型、数据输入输出方式和人的参与程度等均存在一定局限性,难以满足智慧矿山安全隐患智能化识别的需要。智慧矿山的安全管理信息系统需要融合云计算、大数据和人工智能等技术,以实现煤矿安全隐患的实时、准确和智能识别。

1.4 研究内容及方法

1.4.1 研究内容

在国家不断推进智慧矿山建设的背景下,综合智慧矿山相关研究成果,确定本书主要研究煤矿井下隐患智能识别方法及其应用系统的设计和实现,即基于井下海量视频图像数据和气体浓度、温度、振动等传感器数据构建相应的隐患识别模型;采用云计算、大数据和AI 等技术建立相应的智能隐患识别系统,在线监控瓦斯、水、矿压等环境状态,带式输送机、综采机、破碎机、刮板输送机等设备状态以及人员安全状态,并在设备、环境或人员行为出

现异常现象时,记录信息并触发报警,为生产和安全管理工作提供保障。具体内容包括:

(1)煤矿安全隐患识别模型训练数据准备。基于深度学习的智能隐患识别模型训练需要大量数据,构建训练数据集是模型构建的基础。收集煤矿不同系统产生的多种数据,经初步处理构建训练数据集,进一步采用多种方法对训练数据集扩充以满足模型训练需要。对于视频图像数据,采用图像旋转、缩放、MixUp 等数据增强技术和基于 UE4 引擎的数据合成技术实现训练数据扩充;针对时间序列数据,采用 TimeGan 模型对真实数据进行模拟以实现训练数据扩充。

(2)基于视频图像数据的隐患识别。提取视频图像数据中相关隐患共性信息并对其进行了分类。针对不戴安全帽、胶带异物、堆煤、火灾等静态隐患,设计基于 YoloX 神经网络的隐患识别模型;针对人员摔倒、睡岗等不安全行为类隐患,设计基于 YoloX+AlphaPose+STGCN 的隐患检测模型;针对非法进入、跨越胶带、违规扒车等较为复杂的不安全行为类隐患,设计基于规则推理(融合模型)隐患检测模型。

(3)基于时间序列数据的隐患识别。提取时间序列数据中相关隐患共性信息,并将其分为基于数值预测(如瓦斯浓度)类型识别隐患和基于分类(如采煤机是否会出现故障)类型识别隐患。分别采用 LSTM、GRU 和 GPT 模型实现了上述隐患的识别。模型训练采用预训练+微调的方案以提升训练效果。采用 Stacking 模型将 GPT、LSTM 和 GRU 三种模型融合以提升模型预测准确率。

(4)基于云计算、大数据和 AI 技术设计构建了将上述模型用于实际生产环境的集成化系统,包括底层框架、数据仓库、模型部署和在线推理服务以及应用层 App。

1.4.2 研究方法

在研究过程中,采用以深度神经网络为主的 AI 模型以及数据增强和数据合成方法作为建模方法,其中 AI 模型主要包括卷积神经网络、循环神经网络和 Transformer 神经网络等模型。

(1)卷积神经网络。采用卷积神经网络构建基于视频图像数据的隐患识别模型。卷积神经是目前计算机视觉领域广泛使用的一类模型,其具有很强的表征学习能力,非常适合视频图像类任务的处理。为实现基于视频图像数据的隐患识别,采用的卷积神经网络包括 YoloX、AlphaPose、ST-GCN 和 MonoFlex 模型。其中 YoloX 模型用于构建 2D 目标检测模型,AlphaPose 和 ST-GCN 模型用于构建人体姿态和动作检测模型,MonoFlex 模型用于构建 3D 目标检测模型。

(2)循环神经网络。循环神经网络是目前自然语言处理领域广泛使用的一类模型,其具备记忆功能,对序列数据具备很好的表达能力,非常适合处理自然语言或者时间序列类任务。因此,在研究过程中,采用以循环神经网络为基础的 LSTM 和 GRU 模型构建了基于时间序列数据的隐患识别模型。

(3)Transformer 神经网络。Transformer 神经网络是一种全新的神经网络结构,在设计上充分利用了注意力机制,与卷积神经网络和循环神经网络不同,其结构特性对数据结构的先验假设很少,因此比卷积神经网络和循环神经网络更灵活。Transformer 神经网络非常适合处理自然语言或者时间序列类任务。因此,在本次研究中,利用 Transformer 神经网络中的 GPT 模型构建了基于时间序列数据的隐患识别模型。

（4）模型融合方法。在本次研究中,采用模型融合方法实现了对特征复杂隐患的识别和隐患检测率的提升。采用的模型融合方法包括串联融合法、并联融合法和组合融合法。其中串联融合法和组合融合法用于特征复杂隐患识别模型构建,并联融合法用于模型检测率提升。

（5）数据增强与数据合成方法。由于煤矿井下某些场景隐患相关数据集较少且难以复现,在本次研究中,采用数据增强和数据合成的方法实现了训练数据集的扩充。对于视频图像数据,采用缩放、旋转、MixUp、CutMix、Mosaic等多种方法实现数据增强,并采用 UE4 3D 引擎合成训练数据;对于时间序列数据,采用基于 TimeGan 的方法实现数据的合成。

1.4.3 技术路线

根据确定的研究内容和选择的研究方法,本书按照如下思路和框架开展了研究工作,具体技术路线如图 1-1 所示。

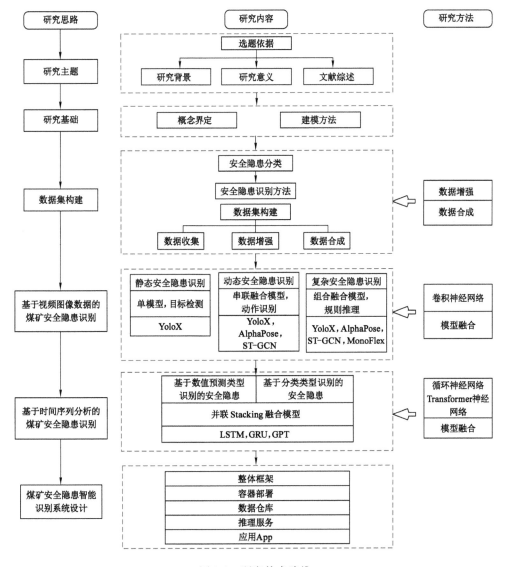

图 1-1 研究技术路线

2 概念和建模方法

煤矿安全隐患智能识别需要综合运用大数据分析、人工智能和计算机技术等多种先进技术和手段。本章阐述煤矿安全隐患大数据及其处理框架、人工智能基础模型和融合模型等,为后续研究提供理论基础和方法支撑。

2.1 相关概念

2.1.1 煤矿安全隐患大数据概念界定

"大数据"一词由麦肯锡全球研究所在一篇《大数据:下一个创新、竞争和生产率前沿》的研究报告中首次正式提出,并认为大数据是一种规模大到在获取、存储、管理、分析方面大大超出了传统数据库软件工具能力范围的数据集合,具有海量的数据规模、快速的数据流转、多样的数据类型和低价值密度四大特征。维基百科对"大数据"也进行了解释,认为大数据是指传统数据处理应用软件不足以处理的大或复杂的数据集的术语。尽管目前对大数据的定义尚存在差异,但大数据的"4V"特征,即容量(Volume)、种类(Variety)、速度(Velocity)和价值(Value)已经被广泛接受。其中,大数据的价值是由 IDC 公司(International Data Corporation)追加的特征,但却是大数据的核心和归宿。大数据的"4V"特征不仅描述数据量巨大,更强调数据的复杂性、快速更新性以及对数据处理和分析的专业化需求,并且对于不同的行业有不同的内涵和具体特征。

当前,机械化、自动化、互联网、物联网、移动通信网等相关技术以及各类信息系统已在煤矿得到广泛应用,智慧矿山建设取得了重要进展。越来越多的煤矿已经积累和正在产生与安全生产相关的海量数据,包括煤层瓦斯含量、瓦斯压力、瓦斯涌出量、气味、C_2H_4 浓度、C_2H_2 浓度、链烷比、烯烷比、氧气浓度、矿山压力、涌水量、水压、水位、水温、水质、声音变化、煤尘浓度、环境温度、微震、地音、电磁辐射、环境湿度、采掘位置、构造变化、工作面推进速度、掘进速度、工作场所照明、气象变化等环境类数据;累计使用时间、振动、声音、温度、功率、电压、速度、故障记录等设备类数据;人员班次、健康情况、生理指标、情绪状况、不安全行为、违章处罚、人员定位、培训记录等与人的管理相关的数据等。这些数据具有容量大、种类多、数据处理要求速度快和价值高等特征,具有大数据的"4V"特征。

因此,本书将煤矿安全隐患大数据定义为:在煤矿生产和运营中产生的,与安全隐患相关的,由数量巨大的数字、音频、视频、图像等构成的数据集合。

2.1.2 煤矿安全隐患大数据处理框架

煤矿安全隐患大数据容量大、种类多,对其处理速度要求高。因此,煤矿安全隐患大数据的存储和分析需要基于科学的大数据处理框架。目前,主流大数据处理框架包括 Apache Hadoop、Apache Storm、Apache Spark 和 Apache Flink。不同的大数据框架对数据处理的侧重点存在差异,按照数据处理方式进行分类,则可以分为批处理框架和流处理框架。其具体区别如下:

① 批处理框架

批处理框架是最早出现的大数据处理框架,其主要对象是大规模的静态数据集。这类数据集通常符合以下特征:

有界:批处理的数据对象无论多大,都是有限的数据集合。

持久:批处理的数据通常存储在可持久化的介质中,比如各种硬盘。

大量:当数据量过于庞大时,批处理通常是唯一的处理方法。

批处理框架是为大规模数据处理而设计的。因此,无论采用何种方式进行数据处理,无论数据量多大,只要在持久介质中并且是有限的数据聚合,批处理框架均能胜任,且目标数据量越大越适合用批处理框架处理。

批处理框架适合对历史数据的分析,特别是那些需要访问全部记录才能完成的计算任务,如求和、求平均值和求方差等的计算。这类任务通常需要将数据集作为一个整体,而不是多条记录的集合,并且数据在计算过程中需要维持自己的状态。

由于批处理的对象是大量的有限的在硬盘中存储的数据,因此需要花费大量时间才能完成处理任务,故不能够胜任要求时间短、速度快的场景。

② 流处理框架

流处理框架能够对随时产生并传输到系统的数据进行处理。这种数据处理方式与批处理框架完全不同。流处理框架处理的数据对象不是数据集而是数据流。数据流是无边界的,其完整的数据就是截至当前时间点系统中的数据总量。

流处理框架的处理流程通常是基于事件的,处理进程随着事件的发生而启动,处理快速且立即可用。若没有特殊的指令,流处理会一直工作下去,不会停止。在时间的维度上,流处理框架可以处理的数据是无限的,但是在某一时刻,其只能处理一条或者一个批次的数据,并只保留少量的状态记录。

流处理框架通常承担状态、功能性较少的数据处理任务,非常适合针对某一数据流中的每个数据执行同一种操作。这种类型的操作因通常不需要状态管理,处理起来更加简单和高效。由于速度快和实时性好,流处理框架非常适合分析服务器或应用程序错误日志、系统报警或者其他需要对数据变化快速做出响应的场景。

在上述 4 个框架中,Apache Hadoop 为批处理框架,Apache Storm 为流处理框架,而 Apache Spark、Apache Flink 为混合处理框架。

(1) Apache Hadoop

Apache Hadoop 是一种大数据批处理框架,因其基于 Java 语言开发,因此具有良好的跨平台和可移植性,即使在相对简单的服务器集群也能够部署。Hadoop 的核心技术是 HDFS、MapReduce 和 Hbase,三者分别实现了谷歌在大数据领域的三篇论文,即 *Google File System*、*Google MapReduce* 和 *Google Bigtable*。通过 Hadoop,用户可以在无须了解分布式系统底层实现细节的情况下,实现分布式计算程序的开发,充分利用集群的并行计算和数据存储能力。

Hadoop 的数据处理能力主要基于 MapReduce 引擎,该引擎能够满足 shuffle、reduce 等大数据算法要求。一个 MapReduce 的基本处理过程包括:

① 读取 HDFS 中的数据;

② 数据分块并分配至可用节点;

③ 子节点完成计算任务,如有中间结果,则会写入 HDFS 中;

④ 分配中间结果并按照键值分组;

⑤ 对中间结果汇总和组合,也就是"Reducing"操作;

⑥ 计算结果写入 HDFS。

(2) Apache Storm

Apache Storm 是一种实时的高性能分布式流处理框架。Storm 可以进行持续的流计算,弥补了 Hadoop 框架的短板,因此被用于实时分析、持续计算、分布式 RPC 和 ETL 等领域。

Storm 流处理框架采用名为 Topology(拓扑)的 DAG(Directed Acyclic Graph,有向无环图)来描述数据处理过程,类似于 Hadoop 的 MapReduce,但计算方式不同。Topology 描述了数据在 Storm 框架内的处理和流转步骤。主要包含三个基本概念:

Stream:有方向的数据流。

Spout:数据源,负责产生源源不断的待处理的数据。

Bolt:代表需要对数据流的操作,并将结果以流的形式输出的处理步骤。Bolt 与 Spout 或者 Bolt 的数据建立连接并输出最终的计算结果。

一个 Storm 的 Topology 设计如图 2-1 所示。

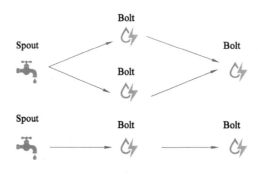

图 2-1　Storm 拓扑设计

(3) Apache Spark

Apache Spark 是一种与 Hadoop 的 MapReduce 引擎基于相同思想而开发出来的分布式大数据计算框架,几乎拥有 Hadoop 的 MapReduce 所有的优点并克服了 MapReduce 的缺点。MapReduce 在处理数据的过程中通常需要反复读写 HDFS,从而造成了运算效率低下,但是 Spark 可以将中间结果储存在内存中,避免了反复读写 HDFS 的情况。因此,Spark 能更好地适用于数据挖掘与机器学习等需要迭代 MapReduce 的算法。由于效率高,Apache Spark 也能实现流处理,因此 Apache Spark 包括批处理和流处理两种模式。

① 批处理模式:Spark 的批处理模式与 Hadoop 的批处理模式类似,但是更为快速高效。为了使批处理在内存中实现,Spark 开发了一种弹性分布式数据集(Resilient

Distributed Dataset,RDD)模型来处理数据。RDD 是整个 Spark 抽象的基石,是基于工作集的应用抽象,代表要处理的数据。对于一个数据集,RDD 是只读分区的集合,数据被分片后存储到不同的节点中做并行计算,所以称之为分布式数据集。Spark 一方面采用基于RDD 的内存式批处理大幅改善了性能;另一方面提前对处理任务、处理数据、数据操作以及操作和数据之间关系的 DAG 进行分析,以实现更完善的整体式优化。

② 流处理模式:Spark 框架的流处理能力由 Spark Streaming 组件实现。由于 Spark本身是针对批处理设计的框架,为了适应流处理的需求,Spark 将流视作连续的微批(Micro-batch),这样可以利用批处理引擎的原生语义进行处理。Spark Streaming 能够以亚秒级增量对流进行缓冲,然后将这些缓冲后的微批作为固定数据集进行批处理。尽管Spark Streaming 相对于 Spark 框架是一种很好的流处理方式,但与真正的流处理框架仍存在一定差距。

(4) Apache Flink

Apache Flink 是一种可以用于批处理任务的流处理框架。Flink 的核心是流式数据处理引擎,并且为分布式流数据计算提供了完善的数据分布、数据通信以及容错机制等功能。与 Storm 不同,Flink 能很好地支持有状态计算。Apache Flink 包括流处理和批处理两种模式。

① 流处理模式:与 Spark 的微批模式不同,Flink 是真正的数据流处理框架,并且相比于其他大数据框架功能更加完善。Flink 提供了完备的故障恢复策略,能够在设定的时间点创建快照,以便故障发生后能够从快照中迅速恢复。Flink 可配合多种状态后端系统实现状态存储。此外,Flink 的流处理引擎可以理解"事件时间"这一概念,并根据"事件时间"处理相应的数据流。

② 批处理模式:Flink 的批处理模式是对其流处理模式的扩展。在处理批任务时,Flink 从持久存储介质中以流的形式读取数据,并对这些数据使用与流处理一样的数据处理方式。此外,Flink 针对批处理工作负载进行了一定优化,如支持批处理常用的持久存储,并可不对批处理任务创建快照。

综上所述,Flink 是一种高性能的大数据框架,兼具流处理和批处理模式,并且支持快照和故障恢复。因此,在本书研究中,将 Flink 作为数据仓库搭建主要框架,以实现煤矿安全隐患大数据的 ETL、存储和传输等功能。

2.2 建 模 方 法

当前,煤矿安全隐患排查工作主要依靠人工判断,视频、图像和传感器数据等没有得到充分的利用。随着 AI 技术的发展,以各种深度神经网络为代表的机器学习模型的性能越来越强,执行有些任务的能力甚至超越了人类。因此,将基于机器学习的 AI 模型应用到煤矿安全隐患排查和治理工作中,将会极大地提升煤矿安全管理的智能化水平。

机器学习是人工智能研究发展到一定阶段的必然产物。从 20 世纪 50 年代到 70 年代初,人工智能研究处于"推理期"。在 20 世纪 50 年代,与机器学习相关的研究工作开始起步,其主要集中在基于神经网络的连接主义学习方面,代表性成果主要有 F. Rosenblatt 的感知机和 B. Widrow 的 Adaline 等;1986 年,机器学习的首个期刊 *Machine Learning* 创刊;

1989 年,人工智能领域的权威期刊 *Artificial Intelligence* 开始设置机器学习专辑。自此,机器学习逐渐发展成了一个独立的学科领域并且迅速发展,各种机器学习方法被相继提出,这其中包括以神经网络为主的深度学习方法。但是受限于当时计算机的计算能力和可用于分析的数据量,深度学习模式并未展现出比其他模型更为优秀的性能。1995 年,C. Cortes 等提出的 SVM 和 Y. Freund 提出的 AdaBoost 算法一度超越了神经网络。SVM 采用核函数的思想,将输入向量通过核函数隐式映射到高维空间中,以解决非线性问题。AdaBoost 通过将一些简单的弱分类器集成,最终形成一个强大的强分类器。2006 年,G. E. Hinton 提出快速计算受限玻耳兹曼机(RBM)网络权值及偏差的 CD-K 算法,并成为增加神经网络深度学习的有力工具。后来,由多层 RBM 组成的 DBN 网络被提出并被微软等公司用于语音识别中,深度神经网络得到了初步应用。

2012 年,K. Alex 提出的 AlexNet 在 ImageNet 竞赛中夺得冠军后,以深度神经网络为基础的各种机器学习模型再一次回归并进入人们的视野。随后,ResNet、SSD、Yolo 和 Transformer 等各种深度神经网络的算法相继被提出,在计算机视觉和自然语言处理领域都取得了前所未有的成就。目前,各种基于深度神经网络的模型已经被广泛应用在人们的生产和生活中。

深度神经网络又被称为深度学习模型或者深度网络,它通过组合低层特征形成更加抽象的高层属性类别或特征,以发现数据的分布式特征表示。对于神经网络模型而言,层数越多,模型的表达能力就越强,而深度学习模型通常包含多层神经网络,因此深度学习模型通常具有很强的表达能力。近年来,深度神经网络正在向着更加快速、更加轻便、更加准确、应用场景更加广泛的方向发展。

对煤矿安全隐患识别模型构建的数据做基础分析可以发现,用于建模的数据主要包括视频图像数据和时间序列数据。在模型构建过程中,根据所用数据和目标任务不同,模型结构亦存在差异。基于视频图像数据的隐患识别模型,拟采用卷积神经网络模型构建;基于时间序列数据的隐患识别模型,拟采用循环神经网络模型和 Transformer 神经网络模型构建。

2.2.1　卷积神经网络

卷积神经网络(Convolutional Neural Networks,CNN)是目前计算机视觉领域所使用的一类主要模型。卷积神经网络是一种前馈神经网络,它具有表征学习能力,非常适合视频图像类任务的处理。

卷积神经网络一般由卷积层(Convolution Layer)、激活层(Activation Layer)和池化层(Pooling Layer)构成。目前,主流的计算机视觉模型如 VGG、ResNet、Yolo 等都是由简单的 CNN 经过各种调整和组合变化而来的。CNN 的输出为对应输入图像的特征空间,该特征空间的内容因模型的训练任务(如分类、目标识别、语义分割等)有所不同。如果卷积神经网络处理的任务为分类任务,在其最后输出的特征空间后将会增加一个全连接层(full connected layer),用来完成从特征图到分类标签的映射。

卷积层是卷积神经网络最重要的特征网络。卷积层对图像的处理过程如图 2-2 所示。假设输入图像为 $32 \times 32 \times 3$,32×32 代表图像的长和宽,3 代表图像的通道数,原始的图像通道分别 R、G、B 三种颜色,卷积层是一个 $5 \times 5 \times 3$ 的卷积核,卷积核矩阵需要与输入图像具有相同的通道数。一个卷积核输出一个 28×28×1 的特征图,两个卷积核则输出两个 28×28×1 的特征图,即每一个卷积层输出的通道数等于该层的卷积核总数。

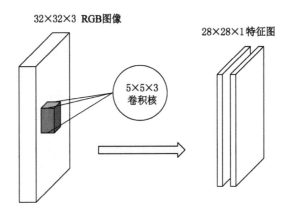

图 2-2 卷积层原理图

卷积的计算公式如下:

$$a_j^l = f(b_j^l + \sum_{i \in M_j^l} a_i^{l-1} k_{ij}^l)$$ (2-1)

式中:a_j^l 为第 l 层的第 j 个卷积输出,k 为卷积核,M 表示总共输入的特征图数,b 是神经网络的片之乡,f 为激活函数(激活层)。

激活层通常紧随卷积层之后,激活层中包含激活函数,激活函数为模型加入了非线性因素,从而增强模型的表达能力。常见的激活函数有 sigmoid(或用 σ 表示)、tanh 和 ReLU 函数等,其计算公式如下:

$$\sigma(x) = \frac{1}{1 + \mathrm{e}^x}$$ (2-2)

$$\tanh(x) = 2\sigma(2x) - 1$$ (2-3)

$$\mathrm{ReLU}(x) = \max(0, x)$$ (2-4)

池化层是一种降采样操作(subsampling),对输入的特征图进行压缩,降低特征图的特征空间,提取主要特征,简化网络计算复杂度。池化层一般有两种操作方法,分别是 Avy Pooling 和 Max Pooling。Max Pooling 的操作是在目标区域中选取最大值,Avy Pooling 是在目标区域中选取平均值。以 Max Pooling 为例,池化层的基本操作如图 2-3 所示。

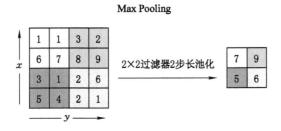

图 2-3 池化层原理图

2.2.2 循环神经网络

神经网络通常不具备记忆能力,即只能对单张图片、单组数据进行分析,而对语言、音乐、动作等需要综合前后信息判断的场景效果不佳。煤矿的环境和设备状态数据通常为连续的时间序列信息,如果单从某一点判断,只能当该点的数值超过正常阈值时才能判断出设备的异常。

为了解决音频、语言和时间序列数据等目标对象的分析问题,循环神经网络(Recurrent Neural Network,RNN)被提出,它是一种具备记忆功能的神经网络。一个简单的循环神经网络结构如图 2-4 所示。

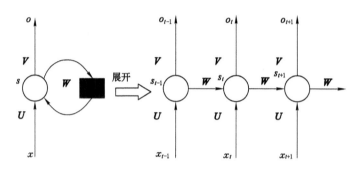

图 2-4 循环神经网络结构图

一个标准的循环神经网络结构包含一个输入 x,一个输出 o,s 是隐藏层的输出,U 是输入层到隐藏层之间的权重矩阵,V 是隐藏层到输出层之间的权重矩阵,W 是隐藏层之间的权重矩阵,矩阵 U、V 和 W 共享,隐藏层的输出 s 会与某一时刻的 x 一起作为输入。循环神经网络和普通神经网络的区别在于,循环神经网络单元自身存在一个回路,通过该回路,前一时刻的网络状态能够传递给下一时刻的网络。如果用公式表示,则循环神经网络的传递过程可以表示为:

$$o_t = g(\mathbf{V}s_t) \tag{2-5}$$

$$s_t = f(\mathbf{U}x_t + \mathbf{W}s_{t-1}) \tag{2-6}$$

如果将 S 循环代入,则:

$$o_t = g(\mathbf{V}f(\mathbf{U}x_t + \mathbf{W}f(\mathbf{U}x_{t-1} + \mathbf{W}f(\mathbf{U}x_{t-2} + \mathbf{W}s_{t-3})))) \tag{2-7}$$

式中:f 和 g 为激活函数,在循环神经网络中通常为双曲正切函数。

可以看到,t 时刻的输出与 t 时刻之前的输入均存在关联。

2.2.3 Transformer 神经网络

Transformer 神经网络是由 Ashish Vaswani 等在 2017 年发表的论文 *Attention Is All You Need* 中提出的,与卷积神经网络和循环神经网络不同,Transformer 神经网络充分利用了 Attention 机制,其结构特性对数据结构的先验假设很少,相对更加灵活。因此,尽管 Transformer 神经网络一开始以 NLP 模型的形式出现,目前却在 CV 和 NLP 任务中得到广泛应用。整个 Transformer 神经网络的结构如图 2-5 所示。

基础 Transformer 神经网络为 seq2seq 模型,其采用了 encoer-decoder 架构。Transformer

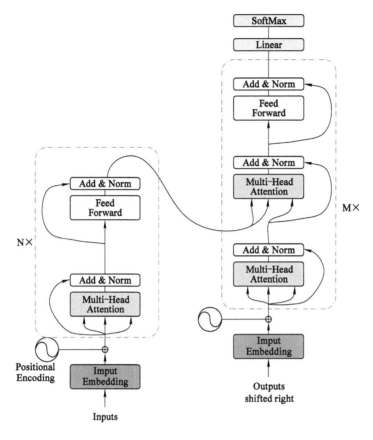

图 2-5　Transformer 神经网络结构图

神经网络的基础网络结构是 self-attention（如图 2-6 左图所示），这与传统的神经网络结构不同。Transformer 神经网络中所使用的 self-attention 结构为 muti-head self-attention，如图 2-6 右图所示。

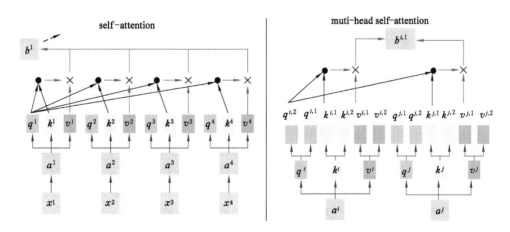

图 2-6　self-attention 结构图

如图 2-6 所示，输入 x 首先经过 Embedding 变为向量 a，向量 a 分别和 3 个不同的矩阵相乘得到 3 个不同的向量，这个 3 个向量分别命名为 query、key、value，在图中用其首字母 q、k、v 表示。不采用 multi-head 方法时，输出的结果按下列公式计算：

$$q^i = W^q a^i \tag{2-8}$$

$$k^i = W^k a^i \tag{2-9}$$

$$v^i = W^v a^i \tag{2-10}$$

$$\alpha_{1,i} = \frac{q^1 \cdot k^i}{\sqrt{d}} \tag{2-11}$$

$$\hat{\alpha}_{1,i} = \frac{\exp(\alpha_{1,i})}{\sum \exp(\alpha_{1,j})} \tag{2-12}$$

$$b^1 = \sum \hat{\alpha}_{1,i} v^i \tag{2-13}$$

采用 multi-head 机制后，输出结果的计算公式如下：

$$q^{i,1} = W^{q,1} a^i \tag{2-14}$$

$$q^{i,2} = W^{q,2} a^i \tag{2-15}$$

$q^{i,1}$ 只和 $k^{i,1}$ 做 attention 操作，最后将 $b^{i,1}$ 和 $b^{i,2}$ 相拼接构成最终的输出。使用 multi-head 可以增加模型的关注点，例如，有的 head 关注的是相邻关系间的资讯，有的 head 关注远方关系资讯，Transformer 神经网络增加 multi-head 可以有效增强模型的表达能力。

2.2.4 模型融合方法

采用单一模型只能实现对部分煤矿安全隐患的识别，对于多数安全隐患而言，需要采用复合模型进行识别，其原因在于这些隐患的识别特征较多，而单一模型通常只能够提取某一种特征，导致对隐患识别的准确率低或无法完成识别。例如，要识别违章进入某个区域的不安全行为，首先要通过视频获取到人的位置信息，然后判断人是否在禁止进入的区域内，据此确定其是否为安全隐患。如果单纯依靠目标检测模型只能够获取到人的位置信息，无法获取其是否处在禁止进入区域的特征信息，需要通过其他模型识别其是否处在禁止进入的区域或者人工确定其是否处于禁止进入的区域，才能实现对该隐患的识别。因此，在本书研究中，我们将采用融合模型方法实现对复杂安全隐患的识别。为了便于理解，我们将主要涉及的融合方法分为串联融合法、并联融合法和组合融合法，这三种融合方法的作用各不相同。

（1）串联融合法

串联融合法也称瀑布（Waterfall Model）融合法，是一种较为简单的融合方式，指将两个或者多个模型进行串联连接，好像瀑布一样。在串联融合法中，前一个模型的结果是后一个模型的输入，层层递进，同时每一层模型也起到了过滤的作用，如果前一层没有检测到相应的结果，则下一层级就不会有输入。串联融合法的上下两个模型不是相互关联的，两者可以分别训练。串联模型通常可以学到单模型难以识别的特征。串联融合法的结构如图 2-7 所示。

（2）并联融合法

并联融合法与串联融合法不同，串联融合法中上一个模型的输出是下一个模型的输

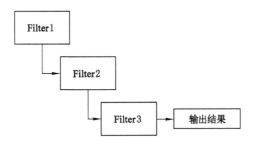

图 2-7　串联融合法结构图

入,而在并联融合法中,每个模型的输出目标是相同的。并联融合法的目标是如何将多个模型的结果组合,从而获得更高的准确率。并联融合法通常被称为集成学习(Emsemble Learing),其思想是构建机器学习器来完成学习任务,以达到博采众长的目的。并联融合法可以用于分类问题、特征选取问题、回归问题、异常点检测等。如果是分类问题,一种简单的方法是采用投票法来选择投票最多的类;如果是回归问题,一种简单的方法是对输出的结果求平均值。还有一种结合策略是使用另外一个机器学习算法来将个体机器学习器的结果结合在一起,这个方法就是 Stacking。通常而言,并联融合法中的各个模型不适合运算量过大的模型,因为单模型过大运算量会导致整个模型的运算量巨大,从而在实际生产中部署困难。并联融合法的结构如图 2-8 所示。

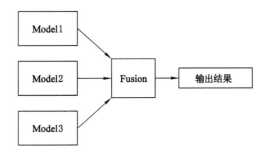

图 2-8　并联融合法结构图

（3）组合融合法

利用组合融合法可以实现复杂安全隐患识别。组合融合法的理念与串联融合法和并联融合法都不同,组合融合法类似并联融合法,但是每个模型的检测目标并不同。此外,组合融合法中也可以包含串联融合法和并联融合法。组合融合法在结构的设计上通常需要人具备先验知识。如检测违规扒车的不安全行为,通常需要三个判断条件,即攀爬动作、人员和车辆状态。因此,需要采用三个模型对三个条件进行检测,才能判断是否存在安全隐患。组合模型融合方法实际是将不同模型的结果组合在一起,采用规则推理的方法实现对安全隐患的判断。

2.2.5　模型评价指标

为了实现煤矿安全隐患的智能识别,需要构建多个高性能识别模型。对所构建模型性能的评价需要依照相应的指标和标准。煤矿安全隐患的识别最终会转化为分类问题、目标检测问题和回归问题。其中目标检测问题也是一种分类问题,但其所依据的指标较普通分类问题更为复杂。

2.2.5.1 分类问题评价指标

在二分类问题中,将实例分为正类(Positive)和负类(Negative),则在预测中会出现如下四种情况:

(1) 正类被预测为正类,则为真正类(True Positive,TP);

(2) 正类被预测为负类,则为假负类(False Negative,FN);

(3) 负类被预测为正类,则为假正类(False Positive,FP);

(4) 负类被预测为负类,则为真负类(True Negative,TN)。

二分类问题常用的指标包括 Accuracy、Precision、Recall 和 F1-Score 等。Accuracy 是准确率指标,计算方法为模型正确分类的样本数与总样本数之比。准确率的计算公式如下:

$$Accuracy = \frac{TP+TN}{TP+TN+FP+FN} \tag{2-16}$$

准确率指标在正负样本数量不平衡的情况下,具有缺陷。例如一个含有 1 000 个样本的数据集,900 个是正类,100 个是负类。如果一个分类器全部判断为正类,则准确率依然有 90%。为此,精确率和召回率被提出,用于评价分类模型分类的质量。精确率是被判断为正样本的样本中判断正确的比例,其衡量的是一个模型的查准率。召回率是被判断正确的正样本占总正样本的比例,衡量的是一个模型的查全率。精确率和召回率的公式如下:

$$Precision = \frac{TP}{TP+FP} \tag{2-17}$$

$$Recall = \frac{TP}{TP+FN} \tag{2-18}$$

为了能评价算法之间的优劣,用 F1-Score 值对精确率和召回率同时进行评价。F1-Score 的公式如下:

$$F1\text{-}Score = \frac{2 \times Precision \times Recall}{Precision + Recall} \tag{2-19}$$

对于样本分布较为均匀的多分类问题,则直接使用 Top-N Accuracy 作为衡量模型效果的指标即可。Top-N Accuracy 的算法指对于一个多分类模型,将样本属于某一类的概率分别给出并从高到低排序,如果是 Top-5,则只要排名前 5 的种类中包含正确的标签,即可认为模型判断正确。

2.2.5.2 目标检测问题评价指标

目标检测是一类特殊的分类问题。通常用于衡量模型精度的指标是 mAP(mean average precision)。mAP 的计算方法是对每一个被检测的类别绘制一条 PR 曲线,AP 的值即该曲线的下方面积,mAP 则是将多个类别的 AP 值进行平均。一条 PR 曲线如图 2-9 所示。

在目标检测模型中,用于判断目标是否检测正确的标准是交并比(IOU,Intersection Over Union),其定义为:

$$IOU = \frac{area(B_p \bigcap B_{gt})}{area(B_p \bigcup B_{gt})} \tag{2-20}$$

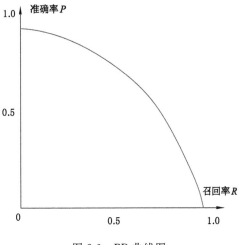

图 2-9　PR 曲线图

式中：B_{gt} 代表检测目标真实边框（Ground Truth，GT），B_p 代表模型的预测边框。

IOU 可通过图 2-10 直观地展示出来：

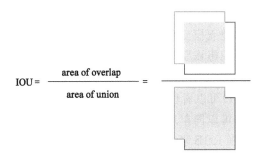

图 2-10　IOU 示意图

对 2D 或者 3D 检测模型而言，可以采用 IOU 作为判断检测正确的标准，但是对本研究中所使用的人体姿态检测模型而言，其检测结果是人体的关键点，不能采用 IOU 作为指标。为此，我们采用 CoCo 人体姿态数据集的指标 OKS（Object Keypoint Similarity），OKS 是衡量一个目标的预测姿态（关键点）与其真实相似度的指标。其计算公式如下：

$$OKS = \frac{\sum_i \exp\left[\dfrac{-d_i^2}{2s^2 k_i^2}\delta(v_i > 0)\right]}{\sum_i \delta(v_i > 0)} \tag{2-21}$$

式中：i 为关键点的个数；d_i^2 表示第 i 个预测关键点和真实值的欧式距离；s 是行人尺度因子，计算方法为行人检测框面积的平方根；k_i 是某种关键点的归一化因子，其大小取决于该点属于哪一种类，k 越大表示该种类关键点越大且越难标注；v_i 表示第 i 个关键点的可见性，0 表示未标记，1 表示无遮挡标记，2 表示有遮挡标记；δ 是克罗内函数，其计算公式如下：

$$\delta(v_i > 0) = \begin{cases} 1, & \text{if}(v_i > 0) \\ 0, & \text{else} \end{cases} \tag{2-22}$$

由于我们所做研究对 IOU 和 OKS 均不太敏感，因此评价标准选用 IOU 和 OKS 的阈值为 50%，即 mAP@50。

2.2.5.3 回归问题评价指标

回归问题与分类问题不同，回归问题是对连续数值的预测，比如变压器温度、井下瓦斯含量等。在研究中，用于评价回归问题的指标有两个，分别是 RMSE（均方根误差）和 MAPE（平均绝对百分误差），其公式如下：

$$RMSE = \sqrt{\frac{1}{N}\sum_{i=1}^{N}(y_i - \hat{y}_i)^2} \tag{2-23}$$

$$MAPE = \frac{1}{N}\sum_{i=1}^{N}\frac{|y_i - \hat{y}_i|}{y_i} \times 100\% \tag{2-24}$$

式中：N 是用于评价的样本的总量，y_i 是实际值，$\hat{y}_i$ 是预测值。

2.2.6 机器学习框架

大数据处理框架的作用是数据的 ETL 过程，ETL 的全称为 Extract-Transform-Load，即将数据从来源端经过抽取（Extract）、转换（Transform）、加载（Load）至目的端的过程。尽管通过大数据处理框架能够实现一些数据的运算，如分类、回归、聚类等，但是对多数深度神经网络的训练而言，大数据框架并不适合这种运算，且运算速度较慢。此外，大数据框架不具备或者仅仅具备基础的建立模型和训练模型的能力。因此，需要采用相应的机器学习框架建立和使用相应的安全隐患识别模型。尽管机器学习框架的原理和结构不尽相同，但是其均包含以下主要组件：

（1）张量。张量（Tensor）可以看作向量、矩阵的自然推广，通常是多维数组，张量的阶数也称为张量的维度。我们可以简单地将标量等同于 0 阶张量，矢量等同于 1 阶张量，2 维矩阵等同于 2 阶张量，而一张 RGB 彩色图片的构成是一个 3 阶张量（长、宽和 RGB 通道）。

（2）张量操作。神经网络的推理过程可以认为是对输入张量进行的一系列操作过程，这些操作包括矩阵乘法、卷积、池化或者其他更为复杂的运算，各框架支持的张量运算有所差异。而训练神经网络的过程就是不断修改神经网络模型的参数以纠正输出结果和预期结果之间误差的过程。

（3）计算图。计算图的作用是将各种对张量的操作整合起来，形成最终的模型结构。通常情况下，模型构建前端使用 Python 等脚本语言建模，这是因为脚本语言封装级别高，建模清晰，操作方便；模型的运行则用 C、C++等低级语言，从而获得更高的运行效率。计算图的作用则是将前端建模和后端运行的过程相适配。同样，不同框架对于计算图的实现方法和侧重点都有所不同。

（4）自动微分。自动微分是机器学习框架用于训练的主要模型工具。一个神经网络模型可以看作由许多非线性过程构成的巨大函数体，通过计算图则不仅可以完整表达模型内部逻辑关系，还能够将训练过程中求解模型梯度过程简化为从输入到输出一次完整的求解梯度的遍历过程。

（5）BLAS、cuBLAS、cuDNN 等拓展包。通过各种扩展包可以充分利用 CPU 的特殊指令集或者 GPU 的张量运算能力优化模型的运算速度和效率，加速模型的训练和推理。

目前，主流的机器学习框架主要有 Caffe、Tensorflow 和 Pytorch 三种，其特性如下：

（1）Caffe

Caffe 全称为 Convolutional Architecture for Fast Feature Embedding，是一个清晰、高效，兼具表达性、速度和思维模块化的深度学习框架，由伯克利人工智能研究小组以及视觉和学习中心开发。Caffe 可用 C＋＋编写并支持 Python 和 MATLAB 程序的调用接口，因此使用起来较为方便。Caffe 采用组件模块化的设计，网络结构不是采用代码编写而是由配置文件定义，模型训练速度快并且易于拓展。由于 Caffe 最初设计目标只针对图像处理类模型，尽管 Caffe 对卷积神经网络有很好的支持，但是对文本、语音或者时间序列数据分析模型如 RNN、LSTM 等的支持较差。

（2）Tensorflow

Tensorflow 是由 Google 公司开源的机器学习平台，是一个基于数据流编程的符号数学系统，也是一个使用数据流图进行数值计算的开源软件库，被广泛用于各种机器学习模型的搭建。Tensorflow 有较为全面的软件生态系统，有丰富的工具包、开发库和社区资源。开发者通过 Tensorflow 不仅能够构建模型，而且能够方便地将模型部署到桌面、服务器或移动设备中的一个或多个 CPU 或 GPU。

（3）Pytorch

Pytorch 是由 Facebook 人工智能研究院基于 Torch 推出的 Python 语言深度学习框架，不仅能够利用 GPU 实现模型的加速，还支持动态神经网络的构建。Pytorch 具有两个极其重要的特性，即 GPU 加速张量计算和深度神经网络自动求导。Pytorch 同样有较为全面的软件生态系统、工具包、开发库和社区资源。与 Tensorflow 相比，Pytorch 的建模方式更为直观，使用更为简便，因此是学术界用于建模的主流工具。Caffe、Tensorflow 和 Pytorch 三种框架的特性和性能对比如表 2-1 所示。

表 2-1　机器学习框架对比表

学习框架 类型	Caffe	Tensorflow	Pytorch
建模 难度	① 无需代码编写，只需要在 prototxt 文件中编写模型结构。 ② 安装过程复杂，基于 prototxt 编写的模型网络结构受限，自由度较低。网络超参数不易调整，超参数 Grid Search、交叉验证等操作实现困难	① 安装方便，有丰富的文档以及社区支持，官方提供了丰富的基础模型样例。 ② 作为一个相对底层的框架，使用门槛较高，需要有机器学习或数据科学背景以及一定的编程基础。 ③ 代码调试不友好	① 安装方便，能够快速地搭建起模型，十分适合科学研究中使用。 ② 代码简便，API 使用方便，只需要简单的编程就能够搭建起神经网络，且代码清晰便于理解。 ③ 除了用户友好的高级 API 之外，Pytorch 的低级 API 同样易用，便于调试并可以对模型进行很细节的修改，还可以在训练期间修改模型
框架 维护	由伯克利视觉学习中心进行维护。在 Tensorflow 出现之前一直是深度学习领域 GitHub star 最多的项目	由 Google 负责维护，整体框架优秀，代码质量达到产品级	由 Facebook 和 MicroSoft 进行维护，同样拥有极高的代码质量
语言	C＋＋,Python,MATLAB	C＋＋,Python,Java,Javascript,R	Python

表 2-1（续）

学习框架 类型	Caffe	Tensorflow	Pytorch
封装 算法	对卷积神经网络的支持非常好，拥有大量的已训练好的经典模型，对时间序列 RNN、LSTM 等模型的支持不理想	对卷积神经网络、循环神经网络、Transformer 神经网络都有较好的支持	对卷积神经网络、循环神经网络、Transformer 神经网络都有较好的支持
训练 部署	仅支持单机多 GPU 的训练，不支持分布式的训练。对安卓、IOS 的支持不如 Tensorflow	支持分布式训练，对安卓和 IOS 的部署友好	支持分布式训练，对安卓、IOS 的支持不如 Tensorflow。在使用 TensorRT 时性能和 Tensorflow 相差无几

综上所述，Pytorch 的机器学习框架具有较好的灵活性和社区支持，便于进行模型的搭建、训练和调试，支持分布式训练，可以通过 TensorRT 实现模型的部署。因此，本研究选取 Pytorch 作为搭建安全隐患识别模型的主要框架。

2.3 小　　结

本章阐述了相关概念和建模方法。在相关概念部分，阐明了煤矿安全隐患大数据特征，界定了煤矿安全隐患大数据的内涵；明确了煤矿安全隐患大数据处理框架，确定将 Flink 作为数据仓库搭建的主要框架。在建模方法部分，阐述了煤矿安全隐患智能识别模型构建拟采用的基础模型、模型融合方法、模型评价指标和模型框架。基础模型包括卷积神经网络、循环神经网络以及 Transformer 神经网络；模型融合方法包括串联融合法、并联融合法和组合融合法；模型评价指标包括分类问题评价指标、目标检测问题评价指标和回归问题评价指标；最后通过对比，确定 Pytorch 作为模型搭建的主要框架。

3　煤矿安全隐患分类及相关数据集构建

　　煤矿安全隐患智能识别模型构建需要进行深度学习,深度学习需要足够数据以完成训练。本章将依安全隐患特征对其进行分类;为不同类别安全隐患初步设计识别方法;针对不同识别方法,采用多种手段构建模型训练所需要的数据集。

3.1　煤矿安全隐患分类

　　为了有针对性地构建安全隐患识别模型,需要根据安全隐患特征对其进行分类。在煤矿安全隐患管理实践中,通常从"人""机""环""管"四方面对安全隐患进行分类。具体如表 3-1 所示。

表 3-1　煤矿安全隐患分类表

要素	人	机	环	管
内容	① 不安全操作(失误、不规范、违章操作); ② 不安全指挥(失误、违章指挥); ③ 工作失职(不认真、不尽责); ④ 决策失误; ⑤ 身体状态异常条件下工作; ⑥ 心理状态异常条件下工作; ⑦ 其他不安全因素	① 设备配备不齐全; ② 设备选型不匹配; ③ 设备安装不合规; ④ 设备未按要求维护; ⑤ 设备保护措施不到位; ⑥ 设备防护措施不到位; ⑦ 危险设备无警示标识或者不规范; ⑧ 设备带伤作业; ⑨ 其他设备不安全因素	① 水、火、顶帮、地热、煤与瓦斯突出、瓦斯煤尘爆炸等自然地质威胁; ② 温度、湿度、粉尘、噪声、有毒气体浓度等超过规定,通风量不符合规定; ③ 工作地点照明不足; ④ 作业区域警示标识缺失或者有误; ⑤ 路面质量差,路径标识缺失或者有误; ⑥ 未设置避灾线路或者避灾路线不合理 ⑦ 采掘设计缺陷; ⑧ 施工质量不合规; ⑨ 其他工作环境的不安全因素	① 组织结构不合理、不健全,职责不明晰; ② 岗位职责不明确,岗位设置不合理; ③ 规章制度不健全或者脱离实际; ④ 作业规程、操作规程、安全技术措施的编制、审批、管理不符合规定,贯彻学习不到位; ⑤ 文件、记录管理不符合要求; ⑥ 应急预案缺失、不合理、脱离实际; ⑦ 其他管理不安全因素

　　在煤矿中,关于人员相关安全隐患的识别以人工检查为主,由于许多人的不安全行为不留痕迹,发现比较困难,是煤矿安全管理的难点和重点;机器设备类和环境类安全隐患识别一般采用人工巡视和传感器检测相结合的方式。在作业现场,检查人员主要通过看、触、听等感官对设备运行状况进行判断,或通过手持检测设备对环境指标和设备运行状态进行检测,存在需要的检测人员多、劳动任务强度大和检测效率低等问题。

当前,各类监测监控系统、人员定位系统等已在煤矿得到了广泛应用,井下监控系统能够对人的行为状态、设备工作状态和环境状况进行连续监测和监控,采用基于深度学习的计算机视觉模型能够采用监控视频数据实现对相关安全隐患的动态识别。现在,越来越多煤矿在井下工作场所和机械设备上配备有相当数量的传感器,这些传感器能够实时感知和检测环境和设备的状态变化,采用基于深度学习的自然语言处理模型能够对这些来自传感器的时间序列数据进行分析,从而实现对安全隐患的准确识别。

在煤矿井下视频数据中,蕴含了人、机、环三方面的安全隐患信息,来自传感器的时间序列数据则蕴含了机、环两方面的安全隐患信息。由于煤矿井下安全隐患种类多、数量大,各类监测监控系统难以覆盖全部可能存在安全隐患的场所,还有一些安全隐患仍无法通过监测监控系统获取特征信息。因此,在本书研究中,我们主要针对煤矿井下典型场景中可以用视频图像和时间序列数据表征的安全隐患进行建模识别。

由数据类型和隐患识别特征看,人、机、环不同类别的安全隐患可能具备相同的识别特征。为了满足建模中模型选择的需要,我们从数据特征和识别特征对煤矿安全隐患进行分类,分类结果如表3-2所示。

表3-2 基于数据和识别特征的煤矿安全隐患分类表

数据类型	安全隐患分类	人	机	环	识别方法	模型
视频图像数据	静态安全隐患	安全帽、口罩、安全带	设备破损、胶带异物	堆煤、突水、发火	目标检测	单模型
	动态安全隐患	摔倒、打闹、睡岗			动作检测	串联融合模型
	复杂安全隐患	跨越胶带、违规扒车、行车不行人	胶带异物		规则推理	组合融合模型
时间序列数据	基于数值预测的安全隐患		数值超限、传感器异常	数值超限、传感器异常	数值预测	单模型、并联融合模型
	基于分类类型识别的安全隐患	领导未带班下井、作业人员超时	滚筒过热跳闸、轴承故障、电机故障	瓦斯突出、自燃、冲击地压	分类模型规则推理	单模型、并联融合模型、组合融合模型

从表3-2中可以看出,煤矿井下典型场景的诸多安全隐患可以根据蕴含在视频图像数据和时间序列数据中的特征信息进行识别。由于基于计算机视觉的安全隐患识别过程较为复杂,为更好地构建面向不同安全隐患的识别模型,我们将可以通过构建基于计算机视觉模型进行识别的安全隐患分为静态安全隐患、动态安全隐患和复杂安全隐患。

(1)静态安全隐患。静态安全隐患指只需要通过视频中的单帧画面或者单张图片即可进行识别的安全隐患。静态安全隐患的识别采用目标检测模型,这类安全隐患主要包括未佩戴安全帽、口罩等人的不安全行为,设备破损、胶带异物等设备类安全隐患以及突水、发火、堆煤等环境类的安全隐患。

(2)动态安全隐患。动态安全隐患指需要通过连续的视频画面才能进行识别的安全隐患。这类安全隐患主要包括人员跌落、睡岗、打闹等人的不安全行为,动态安全隐患的识别需要构建动作识别模型。

（3）复杂安全隐患。复杂安全隐患指那些仅通过单一模型结果难以判断的安全隐患。这类安全隐患主要包括跨越胶带、违规扒车和非法进入禁止区域等人的不安全行为,其没有共同的识别特征。例如,人员横跨胶带需要检测人员跨越且在胶带上,违规扒车需要同时检测人员和车辆,且车辆处在运动中。复杂安全隐患难以构建通用识别模型,但可以通过综合识别模型给出的结果以及其他信息,采用组合融合模型（规则推理）实现对安全隐患的识别。

可以通过时间序列数据进行识别的安全隐患主要为设备类和环境类安全隐患,其可分为两种类型:一种是基于数值预测识别的安全隐患,这类安全隐患的识别需要结合各种信息对安全隐患表征数值进行预测,如果预测数值和实际数据差距很大,则说明存在安全隐患。另一种则是基于分类类型识别的安全隐患,该类安全隐患可直接利用各种信息判断是否存在安全隐患,如采煤机是否会过热跳闸、瓦斯浓度是否超限等。基于分类类型识别的安全隐患识别可以通过两类模型实现:一种是机器学习模型,即利用机器学习模型通过对历史数据的学习从而对安全隐患做出判断;另一种是规则推理模型,简单的规则可以根据某一个传感器的数值是否超过阈值直接判断,复杂的规则通常需要相关专家给出。用于时间序列数据和用于图像数据的规则推理过程基本相同,但时间序列数据的规则推理过程通常使用的都是原始数据,不需要利用相关模型生成中间结果,其推理过程相对简单。

3.2　数据收集

煤矿安全隐患识别模型的构建需要大量基础数据,用于模型训练的数据主要包括:① 煤矿实时采集的数据;② 网上发布的公共数据;③ 合成数据。煤矿实时采集的数据包括视频监控系统中的视频及相关数据,设备监控系统中的诸如设备温度、电流、电压等数据,以及井下环境监控系统中的瓦斯、煤尘、噪声等数据。公共数据集和合成数据集则全部是图片或者视频数据,公共数据集主要涉及人、车辆或者其他物体的相关数据,可用于对模型进行训练,从而提升模型训练效果和泛化能力;合成数据集则是在煤矿实际安全隐患数据相对较少的情况下,采用技术手段合成类似的数据以便对模型进行训练,用以提高模型性能。

3.3　数据增强

为了增加关于煤矿井下环境的训练数据,提升所构建模型的识别效果,我们采用多种数据增强方法以实现数据集的扩充。数据增强是在模型训练过程中常用的扩充数据的方法,其主要针对图像类数据。数据增强的目的是充分利用有限的数据资源使其创造更多的使用价值。数据增强的主要思想是将图片经过一些简单的变化后生成新的图片,如旋转、移位、缩放等,经过变换后的图像保留了原始图像的大部分特征,但是对需要训练的模型来说便是一张新的图片。具体的图片操作内容包括如下几方面:

（1）旋转（Rotation）。旋转主要是指将图像进行 90°、180°、270° 的旋转,旋转图像存在的问题是旋转之后图像的维数会发生变化,即长高互换。而如果以其他角度对图像进行旋转,则图像维度会彻底发生变化,需要对图像进行剪裁或者空白处填充。图片旋转的变换效果如图 3-1 所示。

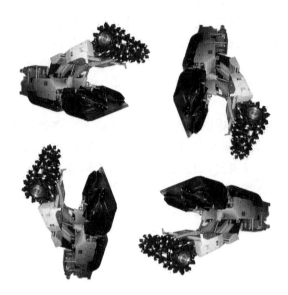

图 3-1　图像旋转变换示例

（2）翻转（Flip）。翻转包括水平和垂直两个方向。与旋转不同,翻转实际上是一个镜像操作。此外,翻转不会改变图像维度。图像翻转变换示例如图 3-2 所示。

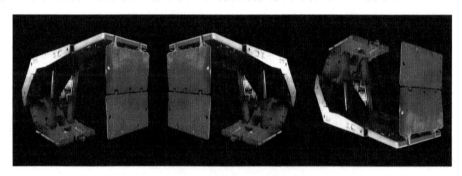

图 3-2　图像翻转变换示例

（3）缩小比例（Scale）。缩小比例即对原始图像进行缩小处理,需要对边界处做空白填充以保持图像的原始大小,如图 3-3 所示。

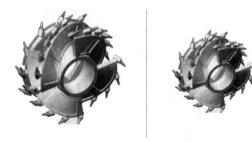

图 3-3　图像缩小变换示例

（4）裁剪（Crop）。剪裁图像可以认为是放大图像，其原理是从原始图像中取得一部分，然后将此部分的大小调整为原始图像大小，如图 3-4 所示。

图 3-4　图像裁剪变换示例

（5）移位（Translation）。移位是将图像沿 X 轴或者 Y 轴位移。移位后图像的空白处需要做填充处理，移位是训练目标识别网络有效的数据增强方法，由于移位可以将目标对象平移到图中的不同位置，从而迫使模型能够正确地学习到目标的位置信息。图像移位变换示例如图 3-5 所示。

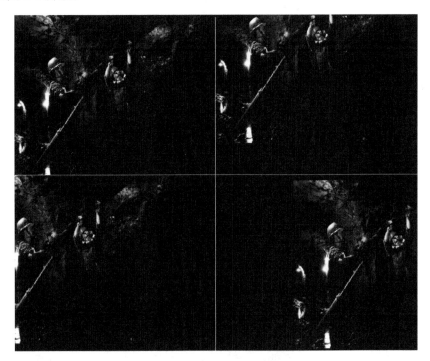

图 3-5　图像移位变换示例

（6）变色（Color）。部分或者整体改变图像的颜色、亮度等。图像变色变换示例如图 3-6 所示。

（7）添加噪声（Noise）。添加噪声指对图像添加一定噪声，常见的噪声有高斯噪声、椒

图 3-6　图像变色变换示例

盐噪声等,适当地添加噪声可使模型不去学习图像中一些无用的高频或者低频特性,防止过拟合,从而增强模型学习能力并能够使模型对一些极端环境(如低照度、云雾天气等)的图像有更好的识别效果。图像噪声变换示例如图 3-7 所示。

图 3-7　图像噪声变换示例

　　(8)随机擦除(Random Erasing)增强。随机擦除的思想是模拟遮挡。人类通常能够识别出被部分遮挡的物体。采用随机遮挡的方法,迫使模型利用局部信息实现识别,从而提升了模型的泛化能力。随机擦除也可以被视为方法(7)添加噪声的一种,并且与随机裁剪、随机水平翻转具有一定的互补性。具体操作就是:随机选择一个区域,然后采用随机值进行覆盖,模拟遮挡场景。图像随机擦除变换示例如图 3-8 所示。

图 3-8　图像随机擦除变换示例

　　(9)样本混合数据增强(Mixed Sample Data Augmentation,MSDA)。MSDA 即混合样本数据增强,通常也被称为强数据增强(Strong Augmentation)。MSDA 的思想是采用某

种手段,将原本数据集中的两张或者两张以上的图片经过某种方式重新合成一张新的图像。由于 MSDA 操作简单且具有较好的效果,它被广泛使用在小样本的训练中。但是 MSDA 对于原图像的改动较大,因此通常在训练模型的最后阶段会提前中止,从而使模型更加专注于真实数据的特征,提升模型对真实数据的识别能力。MSDA 常用的方法包括 MixUp、CutMix、Mosaic 等。

① MixUp。将随机的两张样本按比例混合,分类的结果按比例分配,两张图以一定的比例混合,模型预测出原本两张图中所有的目标;假设 $batch_{x1}$ 是一个 batch 样本,$batch_{y1}$ 是该 batch 样本对应的标签;$batch_{x2}$ 是另一个 batch 样本,$batch_{y2}$ 是该 batch 样本对应的标签,λ 是由参数为 α、β 的贝塔分布计算出来的混合系数,由此可以得到 MixUp 原理公式:

$$\lambda = \mathrm{Beta}(\alpha,\beta) \tag{3-1}$$

$$\mathrm{mixed\_bach}_x = \lambda \cdot \mathrm{bach}_{x1} + (1-\lambda) \cdot \mathrm{bach}_{x2} \tag{3-2}$$

$$\mathrm{mixed\_bach}_y = \lambda \cdot \mathrm{bach}_{y1} + (1-\lambda) \cdot \mathrm{bach}_{y2} \tag{3-3}$$

式中:Beta 指的是贝塔分布,$\mathrm{mixed\_batch}_x$ 是经过 MixUp 操作后的 batch 样本,$\mathrm{mixed\_batch}_y$ 是混合后的 batch 样本对应的标签。

根据经验,使 α、β 的值满足期望 $\alpha/(\alpha+\beta)$ 近似为 0.5 的时候其训练效果较好。MixUp 的变换效果如图 3-9 所示。

图 3-9 图像 MixUp 变换示例

② CutMix。CutMix 与 CutOut 的操作相似,就是将一部分区域剪掉但不填充 0 像素而是随机填充训练集中的其他数据的区域像素值。其示例如图 3-10 所示。

图 3-10 图像 CutMix 变换示例

③ Mozaic。上文指出,CutMix 与 CutOut 的操作相似,CutMix 数据增强方式将图像的一部分剪掉并填充另一张图片的一部分,而 Mozaic 则是将四张图片分别剪切出一部分拼接成一张新的图片,如图 3-11 所示。

数据增强技术通常以随机生成的方式在模型训练的过程中直接加入。我们采用 cv2 和

图 3-11　图像 Mozaic 变换示例

Albumentations 工具包实现模型训练过程中的数据增强，主要用于 2D 目标识别模型和姿态检测模型的训练。

3.4　数据合成

3.4.1　基于 UE4 引擎的视频图像数据合成

　　神经网络或者其他机器学习模型的训练过程通常耗时费力，特别是监督学习的数据准备阶段，通常需要人工对数据进行收集和标注。整体的数据量过少会导致模型训练困难，部分类别的数据量过少则会出现类别不平衡问题，导致构建模型的性能变差。当需要完成某些特殊任务时，获得足够丰富的样本通常较为困难。当数据标注工作量巨大时，其数据准备工作则更加困难。例如，用于姿态估计的数据源，图像中的每个人都需要标注 10 个以上点位。对于煤矿安全隐患识别模型的构建，上述问题更加突出，其原因在于：① 安全隐患通常出现的频率不高；② 煤矿井下通常不允许照相；③ 多数煤矿的视频监控只保留 3 个月；④ 安全隐患随时可能诱发事故，无法在井下复现安全隐患场景。

　　借助于孪生矿山的思想，我们使用 UE4 引擎生成部分难以复现的煤矿井下安全隐患场景，扩充训练数据集。例如，对于一些员工不安全行为的识别，由于其是动态的，需要基于视频进行辨识，而常规的数据增强方法只能够对图片进行增强，难以对视频进行增强。因此，我们在使用数据增强方法的同时，又采用了合成数据方法，以实现训练数据的扩充。

　　从训练模型的角度看，人工合成数据不仅增加了样本数据，方便了数据标注，而且增强了模型的泛化能力，其原因在于：① 合成数据可以自由调整合成数据的参数，以适应真实数据收集困难的领域，如研究对象为煤矿井下典型场景的安全隐患，其通常存在数量少且实际影像为低照度的情况。② 通常情况下，人工收集的数据会存在场景过于单一的问题，这会导致模型学到了错误的特征，识别或者检测范围被限定到了某一个领域之内，而合成的数据则更加多样化，场景更加丰富，使构建的模型摆脱了领域的限定，从而增强了泛化能力。

3.4.1.1　UE4 引擎

　　UE4 的全名是 Unreal Engine 4，用中文则通常称为"虚幻引擎 4"，是一款由 Epic

Games 公司开发的开源、商业收费、学习免费的 3D 引擎,也是一种 3D 创作工具。尽管虚幻引擎的最初定位是游戏开发,但由于其出色的性能和便捷的操作,目前已被广泛用于影视、建筑、运输、训练与模拟等领域。UE4 引擎可以使用 C++语言、Python 语言和蓝图进行开发,其中蓝图是一种无代码的开发方式,这使得开发者即使不具备 C++或者 Python 的编码基础也可以较为容易地进行软件开发。

UE4 的特性包括高品质实时渲染、各种 CAD 和 DCC 等软件模型的快速导入、多种形式媒介的输出、高运行效率、开放性和安全性以及大量高品质资源等。我们使用 UE4 搭建虚拟环境,构建的虚拟训练集主要采用了 UE4 引擎中的如下组件:

(1) UObject。UObject 是 UE4 中大部分类的基础类,提供了类似 Java 或者 C 语言的较为基础的垃圾回收、反射、元数据和序列化等功能。

(2) Actor。Actor 的概念在 UE 里其实不是某种具象化的 3D 世界里的对象,而是世界里的种种元素,用更泛化抽象的概念来理解,小到一个个地上的石头,大到整个世界的运行规则,这些都是 Actor。Actor 有很多的子类,有的是静态 Static Actor,有的是摄像机 Camera Actor,有的则会对控制器做出反应,如 AI 控制或者玩家控制的人物和其他物体。

(3) Component。Component 为部件,它通常被添加到 Actor 中使用。

(4) Pawn。Pawn 是 Actor 的子类之一,而 Pawn 就是对控制器做出反应的 Actor,其作用是和玩家互动。

(5) Camera Actor。Camera Actor 同为 Actor 的子类,其作用为 UE4 内的虚拟世界摄像,为外界观察虚拟世界提供了一扇窗户。

(6) Controller。Controller 的作用是为角色编写逻辑,理论上 Controller 与 Pawn 的对应关系是一对一的关系。Pawn 组件通常负责对象的动作,调用 Pawn 动作的方法则写于 Controller 中,这样就相当于把动作和逻辑区分开来。而 Controller 则有两个子类,即 AI Controller 和 Player Controller。AI Controller 编写的是 AI 的控制逻辑,Player Controller 编写的则是用户控制逻辑。

(7) World。在 UE4 中,World 可以理解为世界,是所有虚拟内容大容器。作为最外层的容器,World 中可以设定一些统一的信息,比如光照信息、重力属性等,这些信息是在 World 中必须要遵循的基本规则。

(8) Level。由于 UE4 是一个游戏引擎,因此 Level 代表着游戏中的关卡,可以将其理解为 Actor 的一个容器或者 Actor 的管理器。因此,在容器里可以取到任意 Actor,并对这些 Actors 进行调度管理。

3.4.1.2 基于 Datasmith 插件的模型导入

在 UE 引擎中,使用 Datasmith 工具可以将不同格式的 3D 模型、动画等导入场景中。Datasmith 可以将不同行业所用软件的 3D 模型如建筑、工程、建造、制造等导入虚幻引擎进行实时渲染和可视化。通过 Datasmith,可直接将整个预先构造好的场景和复杂的组合导入虚幻中,从而省去了解构场景和组合件生成 FBX 文件,再分别将管道单导入引擎中重新组合的步骤。

Datasmith 支持的软件包括 Autodesk 3dsMax、Trimble Sketchup、Dassault Systemes 和 Solid Works 等。Datasmith 主要工作是将这些设计软件的内容转换为虚幻引擎能够理

解并实时渲染的形式,同时在导入过程中对内容进行调整优化,以便实现最佳运行性能。Datasmith 使用基于文件的工作流程将相关模型导入虚幻引擎,通过两种插件实现模型的导入。第一种是 UE4 引擎插件,它能够读取许多常见 CAD 应用程序的原生格式文件并直接导入;另一种是其他程序插件,如 3dsMax 和 SketchUpPro 等,通过在这些程序内的插件,可以将 3D 模型导出为 .udatasmith 类型的文件,再通过 UE4 引擎插件导入。

首先,为防止由于导入模型为一整个网格体,导致照明和渲染困难和效果不佳,Datasmith 会创建一组单独的静态网格体资源,每个代表场景的一个构建块,一个独立的几何结构数据块,可以放置到关卡中并在引擎中渲染。其次,在将场景划分为静态网格体时,Datasmith 会尽量保持已经在原应用程序中设置好的对象组织结构。最后,Datasmith 会创建一个场景资源,它用于存储对所有一起导入的静态网格体、材质和纹理资源的引用,包含 Datasmith 支持的原始场景中所有类型对象的层级或树形结构,包括几何结构对象、照明和摄像机。场景层级中的每个元素都由虚幻引擎 Actor 表示。

3.4.1.3 图像和视频数据合成

在本研究中,数据合成包括两类数据,一类是图片数据,另一类为视频数据。合成图片数据主要用于对目标识别模型的训练;合成视频数据用于动作识别模型的训练。

在数据合成过程中,采用了随机生成参数的方法。以井下人员识别训练集为例,随机数量的任务对象被放置在位置和方向随机的 3D 场景中。其中,3D 场景主要为还原的井下典型工作场景,人物对象主要为身穿工作服装的煤矿工人模型。同时,增加了其他场景和穿戴服饰的人物对象以提升模型的泛化能力。为了更好地训练模型,使其能够关注那些应该被关注的对象,忽略一些无关紧要的对象,将在场景中增加随机数量的干扰物(在一些文献中被称为飞行干扰物),如石头、椅子或者一些几何形状物体,同时还可以在目标对象和飞行干扰物上增加随机的纹理。在随机位置放置灯光,并随机生成灯管颜色、亮度,并从随机的摄像机视点渲染场景。最后,基于 UnrealCV 插件编写特定数据标注生成逻辑。图像或者视频训练集可按照如下步骤生成:

(1) 布置主要场景(煤矿井下场景占 70%,其他场景占 30%)。

(2) 随机生成目标对象及其纹理和贴图,随机生成背景;以煤矿井下场景为主,生成比例占 80%,目标检测以人员为例,井下着工装人员占 80%,如果为安全帽检测,则 50% 佩戴安全帽,50% 不佩戴安全帽。

(3) 随机从一组 3D 模型(柱体、锥体、圆球、石头、树木、瓶子等)中生成干扰物,并生成纹理和贴图。

(4) 随机生成摄像机位置(方位角范围 0° 到 360°,仰角范围从 −30° 到 30°,高度随机)。

(5) 随机生成光源数量和位置,采用较多低照度光源进而模拟井下灯光昏暗的场景。

(6) 随机生成云雾、颗粒等空气干扰。

(7) 依据训练需要,设置摄像机参数,生成训练用的图片或者视频数据。

(8) 基于 UnrealCV 插件实现数据标注。

基于 UE4 生成的合成数据效果示例如图 3-12 所示。

本书采用上述数据合成方法生成视频和图像训练数据集。生成的数据集包括 2D 目标检测数据集、姿态检测数据集、动作检测数据集和 3D 目标检测数据集。除用于动作检测的

图 3-12　基于 UE4 生成的合成数据效果示例

数据集为视频数据外,其他数据集均为图像数据。

对于 2D 目标检测数据集,我们设定的主要检测目标包括:人(佩戴安全帽的人、未佩戴安全帽的人)、煤矸石、锚杆、火源、钻机、车辆。其中未佩戴安全帽的人、火源是可以直接判断的安全隐患,煤矸石、锚杆等在一定条件下可以转化为安全隐患。训练后的模型可直接用于胶带异物、人员不戴安全帽、井下火灾等场景的识别。合成数据量占总数据量的 60%,为了保证训练的平衡,各类目标对象的数量尽量相近,数据集按照 80% 训练集、10% 验证集、10% 测试集分配。整个数据集的构成如表 3-3 所示。数据增强方法会在模型的训练过程中直接使用,因此表中的数据为未进行数据增强的原始数据。

表 3-3　2D 目标检测数据集分配表

数据集	训练集	验证集	测试集	合成数据占比
人(含 50% 未佩戴安全帽)	3 200	400	400	60%
煤矸石	1 600	200	200	60%
锚杆	1 600	200	200	60%
火源	1 600	200	200	60%
钻机	1 600	200	200	60%
车辆	1 600	200	200	60%

姿态检测数据集的数据对象为人,因此数据集中只含有人员目标,原始数据包括 2D 目标检测数据集中的人和姿态检测数据集中转化为图片的数据。数据集的标注为人体关键点。姿态检测数据集共包含 5 600 张图片,合成数据集量占总数据量的 60%。数据集按照 80% 训练集、10% 验证集和 10% 测试集进行分配。

对于动作检测数据集,我们设定的检测动作主要包括行走、摔倒、跳跃、攀爬和睡觉等动作,其中摔倒和睡觉为确定的不安全行为,行走和跳跃等动作在一定条件下可以转化为不安全行为。合成数据集量占总数据量的 60%。用于训练模型的动作检测数据集构成如表 3-4 所示。数据集按照 80% 训练集、10% 验证集和 10% 测试集进行分配。

表 3-4　动作检测数据集分配表

数据集	训练集	验证集	测试集	合成数据占比
行走	600	100	100	60%
奔跑	600	100	100	60%
摔倒	600	100	100	60%
跳跃	600	100	100	60%
攀爬	600	100	100	60%
打拳	600	100	100	60%
睡觉	600	100	100	60%

3D 目标检测主要用于一些需要判断位置信息的安全隐患的检测。因此,我们设定的检测目标包括人、车辆和带式输送机。合成数据集量占总数据量的 60%。数据集按照 80% 训练集、10% 验证集和 10% 测试集进行分配。用于训练模型的 3D 目标检测数据集构成如表 3-5 所示。

表 3-5　3D 目标检测数据集分配表

数据集	训练集	验证集	测试集	合成数据占比
人	1 600	200	200	60%
带式输送机	1 600	200	200	60%
车辆	1 600	200	200	60%

3.4.2　基于 TimeGan 的时间序列数据生成

在计算机视觉领域,可以利用数据增强技术和数据合成技术来扩大训练数据集。尽管人工生成的数据与实际数据存在一定差距,但采用人工生成的数据集训练模型通常能够得到较好的结果。与图像数据相比,时间序列数据数据增强或者合成数据相对困难。一是由于人对时间序列的理解与认知不如图像直观,二是缺乏类似 Unity、UE4 这类用于生成虚拟数据的 3D 引擎软件。因此,无法采用直接合成的方法生成相似特征时间序列数据。为了实现时间序列数据集的扩充,我们采用生成模型实现对样本数据的模仿。

在机器学习中,模型可以通过对样本数据的模仿来生成和样本具有相同概率分布或者相似特征的数据,包括图像、文本、声音等数据。例如文本的生成,可将文本表示成一个随机向量 X,其中每一个元素表示一个词。如果自然的文本(一句话或者一篇文章)都服从某一个概率 $P(x)$ 的分布,则可以通过一些观测样本来估计其分布,甚至可以通过 HMM 等相关模型模拟概率分布从而生成文本数据。

近些年,深度网络和生成模型的发展均取得了重要进展。目前,主流的生成模型包括

VAE、GLOW、Autoregressive model 和 GAN 等。其中 GAN(Generative Adversarial Networks) 模型以其先进的设计思想和良好的生成效果在数据生成领域被广泛使用,尽管时间序列数据不能够直接生成,但是可以采用 GAN 生成模型的方法生成和原数据具有相似分布和特征的数据。与 CNN 和 RNN 的概念不同,GAN 不是一种具体的网络结构,而是一种无监督的机器学习方法。GAN 网络的基本思想是分别构造一个生成器和一个优化器,通过生成器和优化器的相互博弈并不断优化对方,最终使得生成器生成的数据与真实数据的分布特征越来越相近。我们采用 TimeGan 作为时间序列生成模型。TimeGan 的主要思想是将无监督 GAN 方法同有监督的自回归模型相结合,从而生成与原数据具备相同特征的时间序列数据。

TimeGan 认为时间序列数据有两种主要特征,一种是静态特征,不会随时间变化,比如人的性别、短时间内的年龄等;另一种是随着时间改变的动态特征,比如心跳、呼吸、体温、血压、血糖、血脂等数据。如果要预测一个人的血压变化,不应只考虑历史血压数据,还应该考虑这个人的年龄、性别、血脂、血糖等数据。

用 S 表示静态特征,X 表示动态特征,(S,X) 属于 (S,X) 的一个随机向量,s 和 x 是其中向量空间的一个实例。假设训练集有 N 条时序数据,每条数据的长度或者周期为 T,则训练数据集可以表示为:$D = \{(s_n, x_{n,1:T_n})\}_{n=1}^N$,每个时序数据都提供了静态特征与动态特征。TimeGan 的目标是训练一个 $\hat{P}(S, X_{1:T})$,使其尽可能贴近原始数据 $P(S, X_{1:T})$,为了便于优化可将 $P(S, X_{1:T})$ 分解为 $P(S) \prod P(X_t \mid S, X_{1:T-1})$。因此,TimeGan 有两个优化目标,一个是全局优化,另一个是局部优化。全集优化的目标是:

$$\min_{\hat{P}}(P(S, X_{1:T}) \parallel \hat{P}(S, X_{1:T})) \tag{3-4}$$

局部优化目标是:

$$\min_{\hat{P}}(P(X_t \mid S, X_{1:t-1}) \parallel \hat{P}(X_t \mid S, X_{1:t-1})) \tag{3-5}$$

TimeGan 主要包含四个组件,分别为嵌入函数(Embedding function)、恢复函数(Recovery function)、序列发生器(Sequence generator)和序列鉴别器(Sequence discriminator)。其中,序列发生器和序列鉴别器是 GAN 网络的基本部件;而嵌入函数和恢复函数是 TimeGan 独有的部件,二者构成了自编码器,并与序列发生器和序列鉴别器一同训练。

嵌入函数的作用是将数据降维,而恢复函数的作用是将降维的数据恢复。将 (h_s, h_t) 作为静态特征 S 与动态特征 X 降维后的隐向量空间,e_s、e_x 分别表示静态特征和动态特征的嵌入函数,则 r_s、r_x 分别表示静态特征和动态特征的恢复函数。它们之间的转化关系如下:

$$h_s = e_s(s) \tag{3-6}$$

$$h_t = e_x(h_s, h_{t-1}, x_t) \tag{3-7}$$

$$\widetilde{s} = r_s(h_s) \tag{3-8}$$

$$\widetilde{x}_t = r_x(h_t) \tag{3-9}$$

z_s、z_t 为生成器的输入,g_s、g_x 为生成器。z_s 可由某种概率函数生成,z_t 由某种随机过程生成,如维纳过程(Wiener process),则生成器和隐含变量之间的关系可以表示为:

$$\hat{h}_s = g_s(z_s) \tag{3-10}$$

$$\hat{h}_t = g_x(\hat{h}_s, \hat{h}_{t-1}, z_t) \tag{3-11}$$

$\tilde{y}_s$、$\tilde{y}_t$ 为鉴别器的输出，$\vec{u}_t$、$\overleftarrow{u}_t$ 分别为前向和后向的隐状态，d_s、d_x 为鉴别器（是一个由双向循环神经网络所构成的函数），$\vec{c}_x$、$\overleftarrow{c}_x$ 分别表示前向和后向的循环网络，相关关系如下：

$$\vec{u}_t = \vec{c}_x(\tilde{h}_s, \tilde{h}_t, \vec{u}_{t-1}) \tag{3-12}$$

$$\overleftarrow{u}_t = \overleftarrow{c}_x(\tilde{h}_s, \tilde{h}_t, \overleftarrow{u}_{t+1}) \tag{3-13}$$

$$\tilde{y}_s = d_s(\tilde{h}_s) \tag{3-14}$$

$$\tilde{y}_t = d_x(\vec{u}_t, \overleftarrow{u}_t) \tag{3-15}$$

TimeGan 的损失函数由三部分构成（L_R，L_u，L_s）。L_R 是自编码器的损失函数，L_u 是标准 GAN 网络的损失函数，L_s 则是自编码器生成的隐变量和生成器生成的隐变量之间的损失函数。其表达式如下：

$$L_R = E_{s,x_{1:T}\sim p}\left[\parallel s - \tilde{s} \parallel_2 + \sum_t \parallel x_t - \tilde{x}_t \parallel_2\right] \tag{3-16}$$

$$L_u = E_{s,x_{1:T}\sim p}\left[\log y_s + \sum_t \log y_t\right] + E_{s,x_{1:T}\sim p}\left[\log(1 - \hat{y}_s) + \sum_t \log(1 - \hat{y}_t)\right] \tag{3-17}$$

$$L_s = E_{s,x_{1:T}\sim p}\left[\sum_t \parallel h_t - g_x(h_s, h_{t-1}, z_t) \parallel_2\right] \tag{3-18}$$

我们使用 TimeGan 对基于分类类型识别的安全隐患数据进行模拟。利用 TimeGan 对从矿上采集的采煤机状态数据进行模拟，并进行主成分和 t-SNE 分析，其效果如图 3-13 所示。

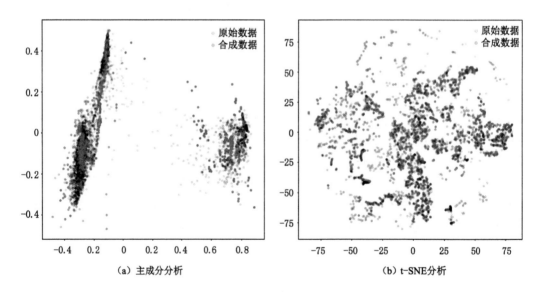

（a）主成分分析　　　　　　　　　　　（b）t-SNE分析

图 3-13　合成数据对比图

由 PCA 分析图和 t-SNE 分析图可以看出，原始数据（黑色）和合成数据（红色）具有相似的分布，说明 TimeGan 方法可以用于真实数据的模拟。

3.5 小　　结

　　本章分析了蕴含在视频图像数据和时间序列数据中的隐患特征,并依数据类型和隐患识别特征对隐患进行了分类。将依视频图像进行识别的安全隐患分为静态类型安全隐患、动态类型安全隐患和复杂类型安全隐患;将依时间序列数据进行识别的隐患分为基于数值预测识别的安全隐患和基于分类类型识别的安全隐患。对这五种类型的隐患初步设计了识别方法。在此基础上,给出了数据集构建的方法并完成了数据集的构建。对于视频图像类训练数据集(数据来源包括网上的公共数据集、井下实时采集的数据以及通过 3D 引擎生成的人造数据),采用了 MixUp、CutMix、Mosaic 等多种方法对训练数据进行数据增强,实现了对训练数据的扩充;对于时间序列类训练数据(数据来源为井下采集的实际数据),在真实数据的基础上,采用 TimeGan 模型实现人工合成数据,实现了对训练数据的扩充。

4 基于视频图像数据的煤矿安全隐患识别

煤矿井下视频图像数据主要来源于固定监控摄像头、智能巡检机器人以及其他相关监控设备。视频图像能够有效记录安全隐患特征及相关信息。本章在第3章开展研究的基础上,利用视频图像数据深入分析各类安全隐患特征,构建不同类别安全隐患识别模型并进行试验和对比分析。

4.1 煤矿静态安全隐患识别

4.1.1 静态安全隐患识别思路

煤矿静态安全隐患的识别方法相对简单。机器设备、环境和人员等类别的安全隐患多为静态安全隐患,主要包括存在皮带异物(如煤矸石、锚杆、铁器等),皮带表面损伤,人员未佩戴安全帽、安全绳,渗水和发火等。这类隐患不需要对连续视频进行分析,只要采用目标检测算法对单帧画面进行检测即可完成安全隐患的识别。

利用视频图像数据对静态安全隐患进行识别,既要通过单帧画面完成识别任务,又要防止因视频流源源不断产生而导致目标被重复检测甚至丢失的问题。为了解决这些问题,我们采用 YoloX 神经网络构建识别模型,实现对静态安全隐患的检测识别;同时采用 DeepSort 目标追踪算法,实现对已检测目标的持续标记和追踪。

煤矿井下安装的摄像头有些只负责监控某一种安全隐患,如安装在带式输送机上方的摄像头只负责监测是否有异物或者皮带撕裂情况出现;有些摄像头负责监测一片区域,如安装在采煤机上的摄像头既要监测采煤机运行可能出现的安全隐患,又要监测周边环境可能出现的安全隐患甚至作业人员的不安全行为等。对目标检测模型而言,在一定的数量内,其可识别的目标种类与模型的大小和检测速度没有关联。因此,只要能够利用目标识别模型进行检测,无论是机器设备、环境类型还是人员类型的安全隐患,我们都可以将其集合并在一起训练。这样不仅能够增加训练集的数量、提高模型的泛化能力,还能够提升数据和模型的利用率。

4.1.2 静态安全隐患识别模型构建

4.1.2.1 基于 YoloX 神经网络的目标检测模型

采用 YoloX 神经网络构建目标检测模型可以完成两项任务,一是直接对部分安全隐患进行检测,二是将其目标检测结果作为其他安全隐患检测的依据。

Yolo(You Only Look Once)神经网络是一个系列的神经网络。它是兼具速度和准确率的目标检测模型。目前,目标检测模型主要包含两种方案,即 two stage 和 one stage。two stage 的检测过程包括两步:第一步是目标区域(region proposal,简称 RP)生成,第二步是对 RP 内的图像样本分类。one stage 的检测过程则更为直接,其输出结果直接包含目标位置、分类和检测框,是一种"一步到位"的检测方法。Yolo 系列的检测方法是 one stage 方案之一。

Yolo 家族目标包括 YoloV1、YoloV2、YoloV3、YoloV4、YoloV5 和 YoloX 6 个主要分支。YoloV1、YoloV2、YoloV3、YoloV4 和 YoloV5 是一脉相承关系。YoloX 则脱胎于 YoloV3,而不继承 YoloV4 和 YoloV5。其原因在于 YoloV3 是 Yolo 系列的一个里程碑式模型,其基本框架较完善,而 YoloV4 和 YoloV5 所做的工作则是在 YoloV3 版本之上增加了一些技巧,而这些技巧与 X 的设计思路相冲突。YoloV3 的主要结构如图 4-1 所示。

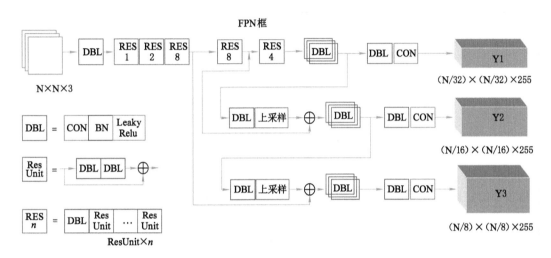

图 4-1　YoloV3 结构图

图中 ⊕ 为拼接(concat)操作,拼接操作指将特征图在通道的维度上进行拼接,例如对 8×8×8 的特征图与 8×8×16 的特征图进行拼接操作后生成 8×8×24 的特征图,最后维度即通道数。上采样操作的作用是将小尺寸特征图通过插值或者其他方法生成更大尺寸特征图。

YoloV3 的主要设计思想包括 ResNet 和 FPN。其中 ResNet(Deep Residual Network)是深度残差网络,ResNet 作为 CNN 图像史上的一个里程碑,在模型提出当年便在 ImageNet 中获得分类、检测、定位三项冠军。FPN(Feature Pyramid Networks)是特征金字塔网络,主要解决的是检测目标尺度变化过大的问题。

FPN 的结构如图 4-1 中的 FPN 框所示。输入首先经过了 Darknet53 网络,随后经过 Yolo block 生成三层不同尺度的特征图。该特征图有两方面作用,其一为生成该尺度的特征图 1,其二为经过上采样后和下一层的输出结果 concat,产生特征图 2。特征图 2 经过与特征图 1 同样的操作后生特征图 3。

ResNet 主要解决的是神经网络深度的问题。一般来说,更深的模型具备更好的表达能力,能够提取更加复杂的特征。因此,增加网络深度可以提升神经网络性能。但通过试验可以发现,当网络深度达到一定程度后,其性能不会再有所提升,甚至会随着深度的继续增加而退化。这种退化的原因有很多，包括由于网络过深导致训练过程中出现梯度消失或者梯度爆炸、梯度相关性衰减等问题。ResNet 主要通过残差学习来解决上述退化问题，其结构如图 4-2 所示。

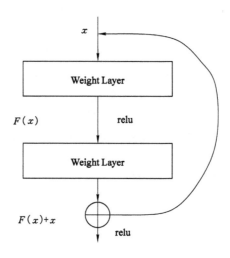

图 4-2　残差网络结构图

设残差网络结构的输出为 $y(x)$，残差网络结构学习到的目标为残差函数 $F(x)$，则他们之间的关系为 $F(x) = y(x) - x$。残差网络将上一层的输入与本层的输入直接连接，类似一个物理中的短路操作。而如果 $F(x) = 0$，即残差函数什么都没有学到，上述网络就构成了一个恒等映射 $y(x) = x$，特征经过该网络则不会有退化。ResNet 相当于在网络中增加了一条直连通道，从而保证了原始图像的大部分特征不会随着网络层数的加深而丢失。残差单元结构如图 4-2 所示，其输入输出可以如下形式表示：

$$y_l = x_l + F(x_l, W_l) \tag{4-1}$$

$$x_{l+1} = f(y_l) \tag{4-2}$$

x_l 代表 l 层残差结构的输入，x_{l+1} 表示的是第 l 层残差输出，从图 4-2 中可以看出，标准的残差结构为每两层网络结构共用一个残差。F 是残差函数，表示学习到的残差，f 是 ReLU 激活函数。由此可以推出，一个 L 层深的 ResNet 结构，其 l 层到 L 层的特征函数为：

$$x_L = x_l + \sum_{i=l}^{L-1} F(x_i, W_i) \tag{4-3}$$

在训练模型阶段，其反向过程的梯度可以表示为：

$$\frac{\partial \text{loss}}{\partial x_l} = \frac{\partial \text{loss}}{\partial x_L} \cdot \frac{\partial x_L}{\partial x_l} = \frac{\partial \text{loss}}{\partial x_L}\left(1 + \frac{\partial}{\partial x_L}\sum_{i=l}^{L-1} F(x_i, W_i)\right) \tag{4-4}$$

公式中的 $\frac{\partial \text{loss}}{\partial x_l}$ 表示损失函数到达 L 的梯度，小括号中 1 表明 ResNet 的短路结构对梯度的传播无损失，而梯度的另外一项梯度元素则不是直接传递的且带有权重。梯度的计算过程有一个稳定的无损失梯度传播项，因此 ResNet 很少存在梯度消失的情况。

在 YoloV3 采用的 FPN 结构中，其思想为，用小尺寸特征图识别大物体，用大尺寸特征图识别小物体。YoloV3 最终输出 3 个特征图，每个特征图的特征为 $N \times N \times$

$[3 \times (4+1+8)]$，$N \times N$ 为输出结果特征图的格点数，共有 3 种不同尺度的特征图，分别下采样了 32 倍、16 倍和 8 倍。公式中大括号 $[3 \times (4+1+8)]$ 中的 3 表示每个格点有 3 个 Anchor 框，4 表示预测框数值，1 表示检测目标的置信度，8 表示该网络能够识别 8 种不同类别的物体。

YoloX 在 YoloV3 的基础上的改进主要包括 5 个部分：Strong Augmentation、Decoupled Head、Anchor-Free、MultiPositives、SimOTA。其结构如图 4-3 所示：

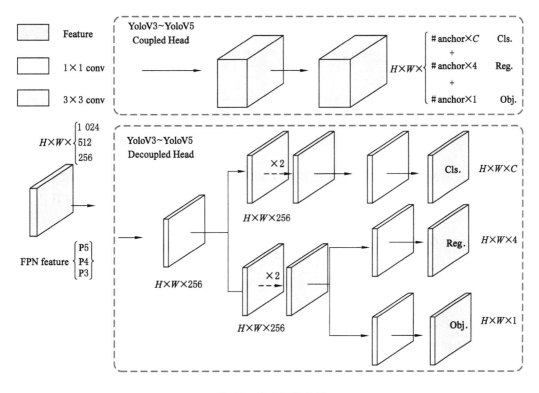

图 4-3 YoloX 结构图

Decoupled Head 和 Anchor-Free 是对模型结构的变化，可以从结构图 4-3 中直接看出。其具体说明如下：

(1) Decoupled Head。Decoupled Head 的具体做法是用 1×1 卷积将通道降至 256 并分成两个并行分支，对这两个分支分别进行回归和分类，回归分支又在最后分出一个 IOU 预测分支。由于目标检测的分类、位置和置信度三个指标在模型中都有各自的预测分支，因此被称为 Decoupled Head，即解耦头。

(2) Anchor-Free 识别框。YoloV3 采用了 Anchor 机制作为目标的识别框。然而 Anchor 机制存在一定的问题，即使用 Anchor 时，为保证模型的最佳识别效果，需要首先对训练数据进行最佳候选锚点聚类生成，而实际数据的锚点和训练集的最佳锚点的分布并不相同，从而导致模型泛化性较差。此外，Anchor 机制会使检测变得复杂，每幅图像都会生成大量的预测结果。以 Coco 数据集为例，对于 1 张 416×416 图像，YoloV3 网络会产生 $3 \times (13 \times 13 + 26 \times 26 + 52 \times 52) \times 85 = 5\ 355$ 个预测结果。YoloX 使用 Anchor-Free 方式可以大幅减少参数数量，将原有 3 组 Anchor 变为 1 组，目标检测框为 4 个值（包括以左上角为

原点的 x、y 坐标和检测框的宽度、高度），从而减少了模型的参数量和计算量，速度更快且效果更好。

Strong Augmentation、MultiPositive 和 SimOTA 则为训练策略。在训练阶段，同 YoloV3 或者其他目标检测模型类似，YoloX 的损失由三个部分组成，分别为回归损失、目标损失和分类损失：

$$L = \lambda L^{\text{Reg}} + L^{\text{Cls}} + L^{\text{Obj}} \tag{4-5}$$

回归损失（Reg）指特征点的预测框与真实框之间的差距，采用 IoU 计算。目标损失（Obj）指特征点是否包含检测目标，真实框对应的特征点都是正样本，其余为负样本，采用交叉熵（BEC Loss）计算。分类损失（Cls）指特征点的分类结果，与目标损失一样，采用交叉熵计算。交叉熵损失函数如下：

$$L = -\sum_{i=0}^{C-1} y_i \ln p_i \tag{4-6}$$

式中：$y = [y_0, y_1, \cdots, y_{C-1}]$，是样本标签的 one-hot 表示，当样本属于 i 类别时，其值为 1，否则为 0。

损失函数的组成相同，YoloX 对训练集采用了 Strong Augmentation 策略并在训练过程中对正样本采用了 MultiPositive 和 SimOTA 的样本匹配策略，这些策略的具体说明如下：

（1）Strong Augmentation。Strong Augmentation 是指 YoloX 模型在训练过程中会采用 Mosaic 和 MixUp 两种技巧，但是在训练的最后几轮会将数据增强方法去除，其原因是真实世界里没有数据增强的图片，在最后的训练环境去除数据增强能够使模型更加适应真实情况。Mosaic 和 MixUp 的具体实现参见 3.2 节。

（2）MultiPositive。对于被检测目标，如果只将中心位置作为正样本，则有可能忽略掉一些高质量的预测，因此，YoloX 将目标中心 3×3 的区域都作为 positive 样本，不仅能够利用一些高质量预测，还能解决正负样本之间的不平衡问题。

（3）SimOTA。YoloX 在训练过程中使用 SimOTA 作为样本匹配策略。SimOTA 是 YoloX 模型使用的 OTA 的简化版本。OTA（Optimal Transport Assignment）指最优传输分配策略。在目标检测的训练过程中，在训练集中有可能会出现一个 Anchor 匹配到了两个甚至多个目标的情况，如图 4-4 所示。在这种情况下，Anchor 对应目标的匹配规则通常需要人工按照一定规则确定（如最大 IOU），但这样确定 Anchor 点对应的检测目标对模型训练起到了不好的作用。因此，基于 OTA 的 Anchor 与 Ground Truth 分配策略采取全局最优的设计思想，Anchor 采用 one-to-many（一对多）方式，为图像中的所有 Ground Truth 采取全局最高置信度匹配。SimOTA 样本匹配策略如下：

① 确定正样本候选框（中心先验）。

② 计算预测值与正样本的 IOU。

③ 计算预测值和真实值之间的 cost：Reg loss+Cls loss。

④ 以 IOU 为标准为每个 Ground Truth 确定 k 个动态候选样本（获取 IOU 前 10 个样本并对这 10 个 IOU 求和取整，确定 k 值）。

⑤ 以 $\cos t$ 为标准对候选 Anchor 进行排名，取 $\cos t$ 最小的前 k 个作为正样本，其余为负样本。

图 4-4　Anchor 匹配多样本示意图

⑥ 使用正负样本计算 loss。

4.1.2.2　DeepSort 目标追踪算法

关于煤矿静态安全隐患的识别,在目标检测识别完成后,对识别目标的追踪同样重要。我们采用 DeepSort 算法进行目标追踪,在 DeepSort 算法中,目标检测的结果是其追踪步骤的一部分。这种先进行目标检测再进行追踪的算法通常被称为 Tracking-by-detection,非常适合在线检测场景。

DeepSort 来源于 Sort 算法。Sort 算法的思路是利用卡尔曼滤波器计算每一帧图像的目标关联性并采用匈牙利算法计算关联度量,这种卡尔曼滤波器加匈牙利算法的设计简单而高效。但是仅仅采用卡尔曼滤波器和匈牙利算法的 Sort 算法比较粗糙,如果目标物体突然被遮挡,会有很大概率发生目标丢失。而 DeepSort 算法是在 Sort 算法的基础上,增加了级联匹配和新轨迹确认两个步骤。目标轨迹分为确认态和非确认态,新产生的轨迹为未确认态。非确认态轨迹需要和目标检测连续匹配一定的次数后转化成确认态。而确认态的轨迹必须和目标检测配对失败一定次数后才会被删除。DeepSort 算法流程如图 4-5 所示。

(1) 当检测目标为第一帧图像时,为检测结果创建轨迹。将卡尔曼滤波的运动变量初始化并利用卡尔曼滤波器预测轨迹。这时候的轨迹为未确认状态。

(2) 将通过本帧图像检测到的候选框和通过前一帧图像轨迹预测候选框进行 IOU 匹配并计算代价矩阵。该代价矩阵包含两个信息,一个是运动信息关联,一个是外观信息关联。

(3) 将步骤(2)中的计算结果作为匈牙利算法的输入,得到目标匹配的结果,结果有 3 种。第一种是预测框与检测框成功匹配,说明匹配成功,通过卡尔曼滤波器更新轨迹变量;第二种是轨迹失配状态,如果前一刻轨迹是未确认状态,直接删除,如果前一刻轨迹是确定

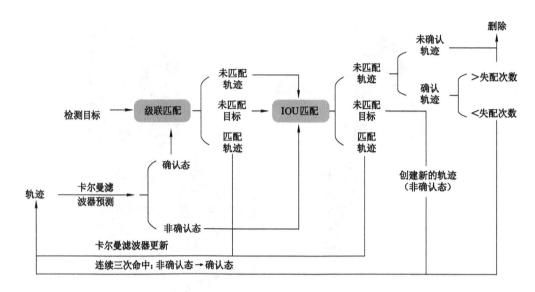

图 4-5　DeepSort 算法流程图

状态,则进行计数,超过一定次数后(默认 30),则将轨迹删除;第三种是检测失配,如果出现新的目标,则为该目标创建一条新的追踪轨迹。

(4) 循环步骤(2)～(3),直到出现有确认状态的轨迹或者视频帧结束。

(5) 利用卡尔曼滤波器预测确认态的轨迹和非确认态的轨迹。将确认态轨迹的候选框和目标检测的候选框进行级联匹配(只要预测结果和目标检测匹配上,都会保存目标的外观特征和运动信息,默认为 100 帧)。

(6) 级联匹配同样可能有 3 种结果。第一种是预测轨迹和目标检测匹配,此时轨迹通过卡尔曼滤波器得到更新。后两种分别是检测目标和轨迹失配,非确认态和失配的轨迹一起以及与失配的目标检测结果一起进行 IOU 匹配,即重复(2)(3)计算过程。

(7) 反复循环步骤(5)～(6),直到视频帧结束。

4.1.3　模型训练与结果分析

4.1.3.1　YoloX 神经网络训练与结果分析

　　YoloX 神经网络的检测结果不仅是对部分安全隐患的直接识别,而且还为其他安全隐患的识别提供了基础数据。尽管可以从人、机器设备和环境方面对安全隐患类型进行划分,但是针对这些不同类型的安全隐患,许多检测特征却是相同的。因此,适合将其放在一起构成统一的训练集进行训练,这样不仅简化了系统设计,提升了资源利用效率,也提高了模型的复用率、泛化能力和识别效果。用于训练 YoloX 神经网络模型的数据集组成如表 3-3 所示。为了平衡模型的检测速率和准确率,我们采用 YoloX-M 神经网络模型。模型的训练结果如图 4-6 和图 4-7 所示。

　　从图 4-6 和图 4-7 中可以看出,经过约 300 轮左右的训练,网络基本得以收敛,模型在最后 50 轮的训练中,关闭了 Strong Augmentation,准确率得到进一步提升。最终模型的识别准确率达到 90% 左右。YoloX 与其他模型的比较如表 4-1 所示。

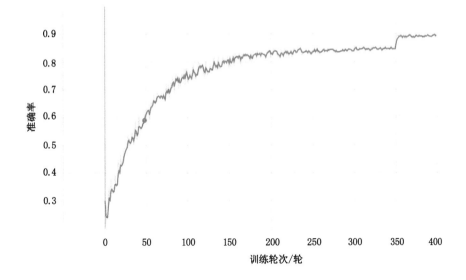

图 4-6　YoloX 训练准确率图

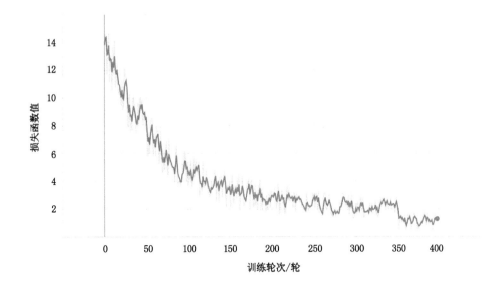

图 4-7　YoloX 训练损失图

表 4-1　目标检测模型对比表

模型	骨干网络	FPS(V100)	准确率(AP50)
YoloV3	Darknet-53	92	83.6%
YoloV4	Modified CSP	72	86.9%
YoloV5-M	Modified CSP v5	89	88.7%

表 4-1（续）

模型	骨干网络	FPS(V100)	准确率（AP50）
YoloX-M(无合成数据)	Modified CSP v5	81	85.3%
YoloX-M(无数据增强)	Modified CSP v5	81	87.1%
YoloX-M	Modified CSP v5	81	89.9%

为了保证测试结果的有效性，模型均采用 NVIDIA Tesla V100 GPU 作为测试环境，从表 4-1 中可以看出，YoloX 模型的准确率最高，检测速度比 YoloV5 模型稍慢。YoloV4 模型在速度上和准确率上均慢于 YoloV5 模型。YoloX 模型对每种目标的检测效果如表 4-2 所示。

表 4-2　YoloX 模型单目标检测效果表

目标类型	人（戴安全帽）	人（不戴安全帽）	煤矸石	锚杆	火源	钻机	车辆
mAP@50	91.3%	90.5%	89.2%	87.4%	90.6%	88.9%	91.5%

表 4-2 中的安全隐患主要为人（不戴安全帽）和火源，而人（戴安全帽）、煤矸石、锚杆、钻机、车辆等在一定条件下可以成为安全隐患，需要综合其他条件进行判断。同时，增加这些非安全隐患的训练数据有助于提升模型的性能。为了评估合成数据对模型的有效性，对合成数据进行了评估。在合成数据的基础上，采用 YoloX-M 模型以真实数据＋合成数据的方式进行训练。其试验效果如图 4-8 所示。

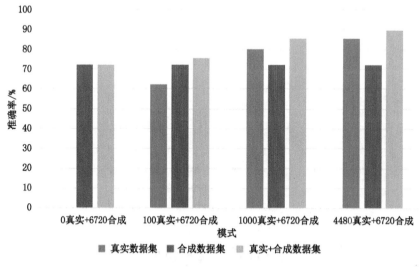

图 4-8　合成数据效果评估图

从图 4-8 中可以看出，采用真实数据＋合成数据的方式对模型进行训练，其效果最佳。原因应该是合成数据与真实数据的分布特征存在一定差异，合成数据能够使模型更加关注一些关键特征，从而提升了模型的性能。YoloX 模型的检测效果如图 4-9 所示。

图 4-9 YoloX 模型的检测效果

4.2 煤矿动态安全隐患识别

4.2.1 动态安全隐患识别思路

依靠目标检测模型一般只能够识别煤矿静态安全隐患,对于有些安全隐患如跌倒、打闹和跨越皮带等,因其有动态动作,仅依单帧画面无法识别或者识别准确率低,需要通过连续的视频画面才能够判断其动作状态。

煤矿动态安全隐患识别需要构建动作识别模型。为此,我们将采用融合模型的方法,将 YoloX 神经网络、AlphaPose 和 ST-GCN 进行融合来完成模型构建。对于人员行为,我们可以用姿态定义静态动作,人在静止画面中的身体姿态可以用人的每个关键点在画面中的位置表示,而动作则具体指人动态的动作,即人在连续画面或者视频中的运动状态,如跑、跳和跨越等动作。人体的动作特征主要由各个关键点的时空变化决定。因此,关于人员行为的识别,首先对人体的各个关节点位置进行确定,其次对关键点位置的变化再进行动作判断。AlphaPose 模型可用于对姿态的识别,ST-GCN 模型则用于对动作的识别。

4.2.2 动态安全隐患识别模型构建

煤矿动态安全隐患识别模型构建需要将 YoloX 神经网络、AlphaPose 和 ST-GCN 进行串联。如何利用 YoloX 神经网络建模已在前文阐述,这里将重点阐明 AlphaPose 和 ST-GCN 的建模过程。

4.2.2.1 基于 AlphaPose 的人体姿势检测模型

目前,人体姿态检测有两种主流解决方案,分别为 Two-step Framework 和 Part-based Framework。Two-step Framework 是一种自顶而下的方案,首先利用目标检测模型识别图像中的人体,其次对人体的姿态(各个关节点)进行检测;Part-based Framework 是一种自底向上的方案,首先将图像中人的所有关节点进行检测,其次将这些关节点组合成人的姿态。第一种方案是一种瀑布融合模型方案,姿态检测准确性取决于目标检测模型和姿态识别模型的质量,由于能够在目标检测阶段有效识别人的整体特征,因此准确率较高,但缺点是占用计算资源较多。第二种方案的优缺点与第一种方案相反,先检测部分再拼接成整体的检测方式速度较快,但其准确率则会有所降低,这种情况在两人离得很近时会出现。

由于我们在第一阶段已经进行了包括人在内的目标识别,为了提升模型的利用率和整体性能,我们采用 AlphaPose 作为姿态检测方法。AlphaPose 也被称为 RMPE(Regional Multi-Person Pose Estimation),即区域多人姿态检测。AlphaPose 是一种姿态检测框架,其设计主要解决了两个问题,一是目标检测定位框的错误问题,二是冗余检测问题。AlpaPose 的主要结构包含 STN、SPPE、SDTN、Pose-NMS、Parallel SPPE 和 PGPG,整个检测结构如图 4-10 所示。这些主要结构简述如下:

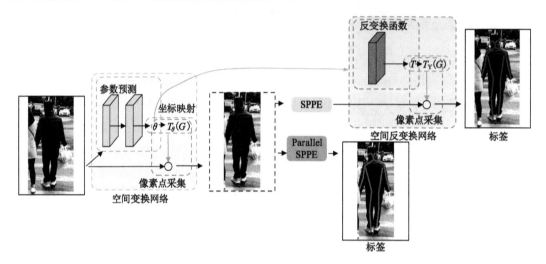

图 4-10　AlphaPose 检测结构

(1) STN(Spatial Transformer Networks),即空间变换网络。普通卷积神经网络能够学到显式的平移不变性和隐式的旋转不变性。而 STN 是一个专门用来学习图像平移不变性和旋转不变性的网络。STN 能够使不准确的候选区域经过变换后变成更为准确的目标候选区域。STN 分为三个步骤,分别为参数预测(Localisation network)、坐标映射(Generator)和像素点采集(Sampler),参数预测是指对图像仿射变换参数的预测,通常有 6个,是一个 2×3 的矩阵,其变换公式如下:

$$\boldsymbol{A} = \begin{bmatrix} a_{00} & a_{01} \\ a_{10} & a_{11} \end{bmatrix} \quad \boldsymbol{B} = \begin{bmatrix} b_{00} \\ b_{10} \end{bmatrix} \tag{4-7}$$

$$\boldsymbol{M} = \begin{bmatrix} \boldsymbol{AB} \end{bmatrix} = \begin{bmatrix} a_{00} & a_{01} & b_{00} \\ a_{10} & a_{11} & b_{10} \end{bmatrix} \tag{4-8}$$

$$\begin{pmatrix} u \\ v \end{pmatrix} = \boldsymbol{M} \begin{bmatrix} x \\ y \\ 1 \end{bmatrix} \tag{4-9}$$

在矩阵 $\boldsymbol{M}$ 中,$\boldsymbol{B}$ 起平移作用,而 $\boldsymbol{A}$ 中的对角线决定缩放、反对角线决定旋转或错切。u 和 v 是经过仿射变换后的新坐标,x 和 y 是仿射变换后的原坐标。坐标映射通过参数预测的仿射变换参数进行仿射变换生成新的坐标,而像素点采集则采用坐标映射结果而生成新的图像。

(2) SPPE(Single-person Pose Estimator),即单人姿态检测器。SPPE 可以是任何单人姿态的检测网络。我们采用 Stacked Hourglass Network 实现 SPPE。Hourglass 表示该网络的结构好像一个沙漏一样,1 个 4 层的 Hourglass 网络结构如图 4-11 所示。

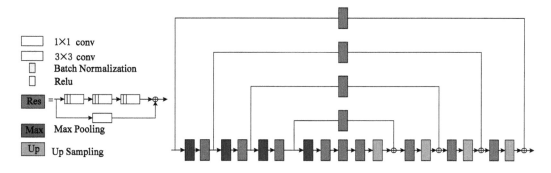

图 4-11　Hourglass 网络结构

Hourglass 结构先会对一幅图像(特征图)进行连续下采样操作,再进行上采样操作。在每次下采样操作前,会有一个分支保留原尺度特征图的信息,经过一个瓶颈层后与经过上采样操作且具有相同尺度的特征图像拼接。整个 Stacked Hourglass Network 由多层 Hourglass 拼接而成,如图 4-12 所示。

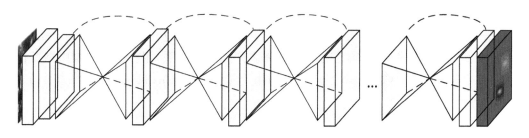

图 4-12　多层 hourglass 网络结构图

(3) SDTN(Spatial Detransformer Network)。SDTN 是与 DTN 操作相反的空间逆变换网络。通过 SDTN 网络可将估计的姿态映射回原始的图像坐标。其变换公式如下:

$$\begin{pmatrix} x \\ y \end{pmatrix} = \begin{bmatrix} c_{01} & c_{02} & c_{03} \\ c_{11} & c_{12} & c_{13} \end{bmatrix} \begin{pmatrix} u \\ v \\ 1 \end{pmatrix} \tag{4-10}$$

$$\begin{bmatrix} c_{01} & c_{02} \\ c_{11} & c_{12} \end{bmatrix} = \boldsymbol{A}^{-1} \tag{4-11}$$

$$\begin{bmatrix} c_{03} \\ c_{13} \end{bmatrix} = - \begin{bmatrix} c_{01} & c_{02} \\ c_{11} & c_{12} \end{bmatrix} \boldsymbol{B} \tag{4-12}$$

(4) Pose-NMS(Non-maximum Suppression)。Pose-NMS 为非极大值抑制法,该步骤利用非极大值抑制法消除检测到的额外姿态。

（5）Parallel SPPE。Parallel SPPE 是为了提升 STN 阶段的训练效果，作为训练过程中添加的额外的正则项。在训练期间，Parallel SPPE 的参数是呈冻结状态的，此分支的作用是识别人中心化和人体姿态标签并和中心化后的真实人体姿态标签相比较。由于其参数呈冻结状态，损失函数会全部回传给 STN，使得 STN 的结果更加准确。在模型的推理阶段，此模块被屏蔽，不发挥作用。

（6）PGPG（Pose-guided Proposals Generator）。PGPG 是一个用于数据增强的生成器，可应用在训练过程中。PGPG 的训练过程如下：

① 将训练集中的所有人体躯干的长度归一化。

② 使用 K-means 算法对人的姿态进行聚类，得到若干聚类中心的原子姿态。

③ 对具有相同原子姿态的人，计算检测框和真实框之间的偏移。

④ 对偏移量进行归一化。

⑤ 将偏移量作为固定的高斯混合分布参数。对于不同的原子姿态，有不同的高斯混合分布的参数。

⑥ 依据生成的高斯混合分布生成新的训练数据。

AlphaPose 神经网络的检测结果为有关键点的 Heat Map（热图）。因此，其损失函数一般采用 Mean Squared Error（MSE）来比较预测的 Heat Map 与 Ground Truth 的 Heat Map 之间的差距。

4.2.2.2 基于 ST-GCN 的动作识别模型

采用 ST-GCN 可以识别人的动作，以判断相关不安全行为。ST-GCN 的输入不是图像或者特征图，而是图表（Graph）。图表不同于图像，是一种表示事物间联系的数据格式。它可以用于表示社交网络、通信网络和蛋白分子网络等。图表包含节点和连边两种结构，图表中的节点表示网络中的个体，连边表示个体之间的连接关系，用在动作识别中则可以表示人体各个部位之间的联结关系。GCN 专门用于对图表网络结构卷积，可理解为对图表中各点卷积，可表示为如下公式：

$$f_{out} = \sum_j \boldsymbol{D}^{-1} \boldsymbol{A}_j \bigotimes \boldsymbol{M}_j f_{in} \boldsymbol{W}_j \tag{4-13}$$

式中：f_{out} 是图表卷积输出；f_{in} 是输入；$\boldsymbol{W}_j$ 是权重矩阵；$\boldsymbol{A}_j$ 是图表卷积核矩阵；$\boldsymbol{M}_j$ 是 $\boldsymbol{A}_j$ 的注意力矩阵，在识别不同目标时的关注点不同，因此可以采用注意力矩阵以提高识别准确率；$\boldsymbol{D}^{-1}$ 是 $\boldsymbol{A}_j$ 的归一化矩阵，$\boldsymbol{D} = \sum_j \boldsymbol{A}_j$，每一个 $\boldsymbol{A}_j$ 代表一个卷积核。

本研究以运动理论为基础，选择静止、向心运动和离心运动三种卷积核，卷积核如图 4-13 所示：

以左肩部关节点为例：离心运动包含了离自身中心（图中三角形）更远的邻点，因此该点离心运动的卷积核为左肘和左髋（实心节点）。向心运动包含了离自身中心更近的邻点，因此该点向心运动的卷积核为颈部（空心节点）。静止的卷积核为该点自身。

ST-GCN 是在 GCN 基础之上，对连续时间的图表网络结构同时进行时间和空间卷积的神经网络。ST-GCN 网络对人体动作的识别过程如图 4-14 所示。

连续的关节点信息输入后，首先进行批量标准化，其次经过连续的 ST-GCN 网络层进行动作识别。每个 ST-GCN 层包括 GCN 图卷积和 TCN 时间卷积两种结构，并且采用

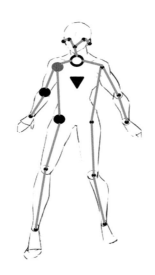

图 4-13 ST-GCN 卷积核结构图

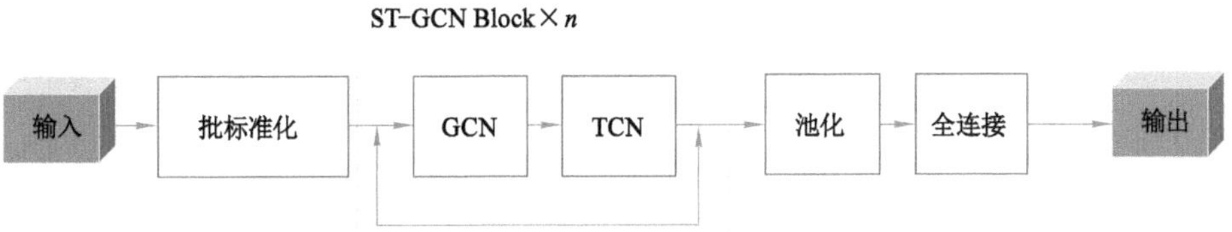

ST-GCN Block × *n*

| 输入 | → | 批标准化 | → | GCN | TCN | → | 池化 | 全连接 | → | 输出 |

图 4-14 ST-GCN 结构图

ResNet 的设计思想将本层的输入和输出相连。最后,特征图经过池化层和全连接层输出识别结果。

ST-GCN 的损失函数为常用的交叉熵损失函数。

4.2.3 模型训练与结果分析

4.2.3.1 AlphaPose 的训练与结果分析

AlphaPose 可以用于人体姿态检测,其用于训练的数据集为人体姿态数据集,该数据集一共包含 5600 张图片,其中合成数据量占总数据量的 60%。数据按照 80% 用于训练、10% 用于验证和 10% 用于测试的原则进行分配。AlphaPose 神经网络的训练结果如图 4-15、图 4-16 所示。

从图 4-15 和图 4-16 中可以看出,模型在经历了 250 个 Epoch 后得到收敛。模型在第 210 轮训练后开启了 PGPG 数据增强,导致损失有所增加,但是从准确率上看,数据增强后反而在损失较大的情况下获得了更高的准确率,说明 PGPG 数据增强提升了模型的泛化能力,对训练模型是有益的。

AlphaPose 与其他模型的对比结果如表 4-3 和图 4-17 所示。

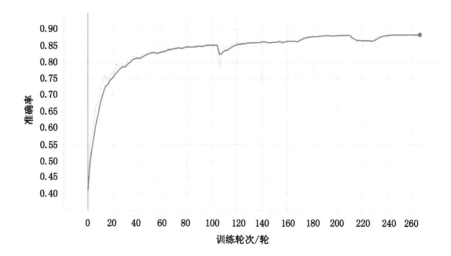

图 4-15　AlphaPose 训练准确率图

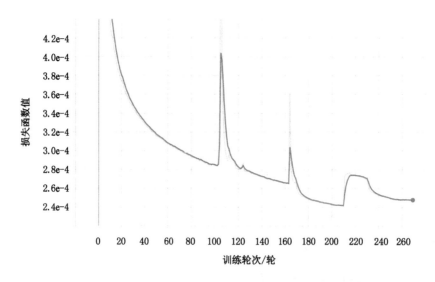

图 4-16　AlphaPose 训练损失图

表 4-3　不同姿态识别模型准确率对比

模型	骨干网络	准确率（AP）	检测方式
OpenPose	Darknet-53	79.3%	自下而上
Mask R-CNN	Darknet-53	84.1%	自上而下
AlphaPose（无合成数据）	Darknet-53	83.7%	自上而下
AlphaPose（无数据增强）	Darknet-53	86.3%	自上而下
AlphaPose	Darknet-53	88.5%	自上而下

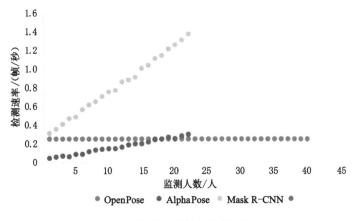

图 4-17 姿态识别模型性能对比图

从表 4-3 中可以看出 AlphaPose 和 Mask R-CNN 均是自上而下的检测模型,OpenPose 则是自下而上的检测模型。AlphaPose 在检测准确率上相比 OpenPose 和 Mask R-CNN 均有所提升。对上述三个模型进行检测速率测试,对比效果如图 4-17 所示。

从图 4-17 中可以看出,AlphaPose 和 Mask R-CNN 会随着检测人数的增加,检测时间变长,而 OpenPose 的检测速率则几乎不会随着人数增加发生变化。在 20 人以内,AlphaPose 的检测速率会优于 OpenPose。在煤矿井下的场景中,很少同时会在一个摄像头中出现 20 人以上的情况,且 AlphaPose 的准确率较高,因此本研究选择 AlphaPose 作为人体姿态的检测模型。AlphaPose 的检测效果示例如图 4-18 所示。

图 4-18 AlphaPose 的检测效果示例

4.2.3.2 ST-GCN 的训练与结果分析

STG-CN 可用于识别人体动作,用于训练 STG-CN 的数据集组成如表 4-4 所示。模型的训练效果如图 4-19、图 4-20 所示。

由图 4-19 可以看出,ST-GCN 模型在经历了 70 个 Epoch 后准确率不再上升,其准确率达到了 90%。ST-GCN 模型与其他模型准确率的对比结果如表 4-4 所示。

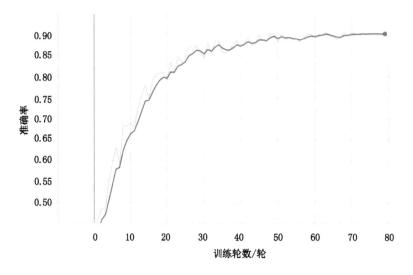

图 4-19　ST-GCN 训练准确率图

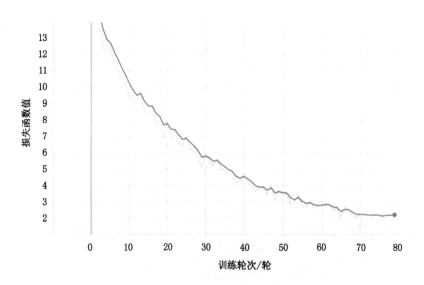

图 4-20　ST-GCN 训练损失图

表 4-4　动作检测模型准确率对比表

模型	准确率（Top1 ACC）
H-RNN	75.4％
Temporal Conv	83.6％
C-CNN＋MTLN	87.6％
ST-GCN（无合成数据）	83.4％
ST-GCN	90.0％

从表 4-4 中可以看出,ST-GCN 对动作识别的准确率比 H-RNN、Temporal Conv 等模型有了很大的提升。ST-GCN 检测结果的混淆矩阵如表 4-5 所示。

表 4-5　ST-GCN 检测结果的混淆矩阵

检测类型	行走	奔跑	摔倒	跳跃	攀爬	睡觉
行走	88%	7%	1%	2%	1%	0%
奔跑	6%	87%	1%	3%	1%	0%
摔倒	2%	2%	91%	3%	0%	1%
跳跃	4%	3%	2%	87%	2%	0%
攀爬	2%	1%	3%	1%	91%	0%
睡觉	0%	0%	2%	0%	2%	96%

在表 4-5 中,摔倒和睡觉为不安行为,行走、奔跑、跳跃、攀爬行为在一定条件下可以成为不安全行为(需要结合其他条件进行判断)。增加这些非不安全行为的训练数据有助于提升模型性能。混淆矩阵中,行代表预测值,列代表真实值。从该表中可以看出,行走和奔跑两种行为较为相似,因此二者之间误检测可能性比较大;跳跃和奔跑动作也具有一定的相似性。不安全行为的识别特征相对明显,其中睡觉的识别概率最高,摔倒和攀爬动作次之。

4.3　煤矿复杂安全隐患识别

4.3.1　复杂安全隐患识别思路

在煤矿井下许多场景,安全隐患判定难度大,需要综合多种特征才能识别。如皮带异物,如果摄像头只监测皮带区域,则直接采用目标检测即可完成隐患的识别;但是如果摄像头的监测范围涵盖皮带附近区域,则仅仅依靠目标检测方法有可能出现误检测的情况,即检测到了异物,但是异物不在皮带上。再如判断跨越皮带或者违规扒车等不安全行为,既需要检测到人有跨越和攀爬动作,还要检测到人动作的位置或者对象在皮带或者车辆上。为实现对此类安全隐患的识别,需要采用组合融合模型,即采用多个模型分别检测出需要判断的安全隐患特征,根据特定规则进一步对安全隐患进行判别。

复杂安全隐患通常需要检测多个目标,且需要获得目标信息或者目标之间的相对位置信息。在前面研究中,已经实现了井下静态和动态目标的检测,但在检测静态目标或者动态目标时,其输出结果为 2D 信息,即人或者物的位置只是相对于当前图像中的位置,无法反映其实际位置的变化,难以实现对安全隐患的准确判断。此外,2D 目标检测中的候选框为方形框,在平面图中,类似皮带机这种超长且狭窄的目标在画面中倾斜时,往往会出现检测框过大且检测框中存在大量非目标区域的情况。因此,为实现对复杂安全隐患的识别,我们将在目标检测和动作检测模型基础上,增加 3D 目标检测。在对此类安全隐患关键目标检测后,再综合其他模型的分析结果做出最终判别。

在 3D 目标检测中,尽管单目 3D 目标检测的准确率偏低,但是单目 3D 目标检测能够较为准确地判断多个物体之间的相对位置,这同人难以通过单眼判断一个物体的具体位置类似,但却能够轻易地判断出一个物体相对于另一个物体的相对位置。因此,尽管单目 3D 目标检测的精准度较低,但仍可以用来辅助复杂安全隐患判定。

4.3.2 复杂安全隐患识别模型构建

对复杂安全隐患的识别,需要综合运用前面构建的模型,同时需要构建 3D 目标检测模型,以下重点阐明 3D 目标检测模型的构建过程。

目前,单目 3D 目标检测主要有 3 种方法,分别为直接检测方法、基于深度的检测方法和基于网格的检测方法。直接检测方法是结合三维空间和二维平面之间的映射关系来辅助进行检测的。例如进行关键点检测,或者利用检测目标的几何特征来辅助构建 3D 目标候选框。这类方法简单且效率高,但其精度稍低。基于深度的检测方法则需要先创建一个深度预测网络,生成被检测图像的深度图像,然后和原图像一起作为输入。深度图像(depth map)是一种能够表征三维场景信息的图像,深度图像中每个像素点的灰度值表征了该像素点与摄像头之间的距离,并且可以和点云图之间相互转换。基于网格的检测方法需要创建一个 BEV 预测网络,生成被预测图像的 BEV 图,然后和原图像一起作为 3D 目标检测的输入。BEV(Birds Eye Views)即鸟瞰图,BEV 投影保留了物体的大小和距离,为学习提供了强大的先决条件。将特征从图像空间转换至 3D 空间,最后转换成鸟瞰角度,会产生特征拖尾效应,从而影响检测结果。

在本研究中,我们采用 MonoFlex 构建单目 3D 目标检测模型,这是一种直接检测方法。该模型有两处主要的创新设计,一是将图像中完整的目标和位于图像边缘被截断的目标分开预测;二是采用多种方法联合预测目标中心的深度。MonoFlex 模型的结构如图 4-21 所示。

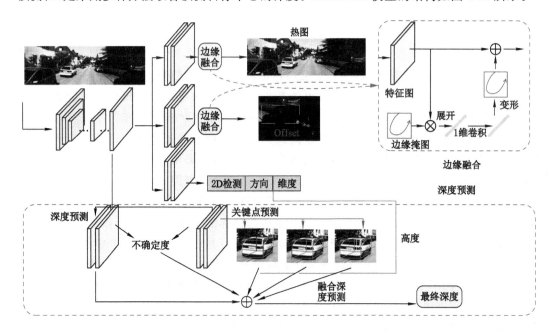

图 4-21 MonoFlex 模型结构

在 2D 目标检测中，即使目标位于图像边缘并且被截断，仍可以获得较好的检测效果。但是对 3D 目标检测而言，被截断的物体和完全位于图像中的物体的 3D 特征则完全不同。3D 目标检测使用长方体表征每个目标，因此模型需要预测更多的参数。

长方体的数学表征形式为：$[x,y,z,w,h,l,\theta]$。

其中 x、y、z 为长方检测框的中心位于相机坐标系的坐标，通常被称为位置信息。z 又被称为深度信息，是在单目 3D 目标检测中最难判断的一个特征。w、h、l 代表长方体的长度、宽度和高度信息，通常被称为维度信息。θ 为长方体的航向角信息。维度信息和航向角信息通常可以通过目标外表特征直接估计。深度信息则需要通过 3D 目标检测，根据相机投影原理，假设目标中心投影到图像上的坐标为 $x_c=(u_c,v_c)$，则其与原坐标之间的关系如下：

$$x = \frac{(u_c - c_u)z}{f} \tag{4-14}$$

$$y = \frac{(v_c - c_v)z}{f} \tag{4-15}$$

式中：c_v 为焦距，c_u、c_v 是相机的主点。当预测目标为 3D 中心时，首先预测被检测目标的二维中心，其次预测被检测目标二维中心和投影中心之间的偏移值，利用公式 $\delta_c = x_c - x_b$ 计算得到三维中心的投影。其中，δ_c 是偏移量，x_b 是被检测目标的二维中心。

在实际预测过程中，处于画面边缘的被截断目标的 3D 中心常常位于画面之外，从而导致其 2D 中心和 3D 中心的偏移值的分布与完全处于画面内物体的不同，3D 投影中心分布如图 4-22 所示。

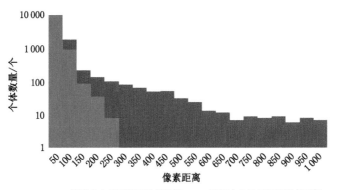

图 4-22　3D 投影中心分布图

由图 4-22 可以看出，对于投影中心位于画面外的物体，其偏移量呈长尾状分布，而对于投影中心位于画面内的物体，其偏移量分布则相对集中。如果对这两种不同的情况采用同一网络预测，则难以得到较好的检测效果。因此，MonoFlex 将这两种情况分开预测。对于投影中心位于画面内的物体，采用原方法预测。对于投影中心位于画面外的，则首先预测其 2D 中心和投影中心在画面边界的交点，然后预测该交点和投影中心的偏移值，再计算出投影中心。由图 4-21 可知，MonoFlex 采用了边缘融合的网络分支对被截断目标及其投影中心进行了预测。其原理是将提取的特征图边缘逆时针相拼接，再进行一维卷积，最后将一维特征图边界恢复并和用于检测内部投影中心的特征图相拼接。预测 2D 中心和 3D 中心的偏移的损失函数如下：

$$L_{\text{off}} = \begin{cases} |\delta_{\text{in}} - \delta_{\text{in}}^*| & \text{if inside} \\ \log(1 + |\delta_{\text{out}} - \delta_{\text{out}}^*|) & \text{else} \end{cases} \tag{4-16}$$

对于目标视觉特征的预测，则采用普通卷积神经网络，主要特征包含：2D 目标识别框，长宽高维度和 10 个关键点，其中 10 个关键点包括长方体的 8 个顶点和上下面的中心点。计算关键点的损失函数如下：

$$L_{\text{key}} = \frac{\sum_{i=1}^{N_k} I_{\text{in}}(k_i) |\delta_{k_i} - \delta_{k_i}^*|}{\sum_{i=1}^{N_k} I_{\text{in}}(k_i)} \tag{4-17}$$

对于目标深度的预测，MonoFlex 采用了多种方法联合预测。方法 1：直接对目标的深度进行回归；方法 2：提取目标视觉特征 10 个关键点中长方体的两个斜对角线对应的关键点，分别计算两个斜对角线的中心，预测出 2 组深度；方法 3：通过提取目标视觉特征 10 个关键点中长方体的上下面中心点连线的中心进行预测。为了能够将多个预测方法进行融合，在对深度信息进行预测的同时，MonoFlex 模型对每种预测方法的不确定性进行了预测，并通过不确定性确定每种深度在最终结果中的权重，其计算公式如下：

$$z_{\text{soft}} = \left(\sum_{i=1}^{M+1} \frac{z_i}{\sigma_i}\right) / \left(\sum_{i=1}^{M+1} \frac{1}{\sigma_i}\right) \tag{4-18}$$

式中：z_{soft} 是最终结果，σ 是不确定性。

z 是每一种方法的预测结果，不确定性越大，其在最终结果里所占权重就越低。用于计算深度的损失函如下：

$$L_{\text{kd}} = \sum_{k \in \{c, d_1, d_2\}} \left[\frac{|z_k - z^*|}{\sigma_k} + I_{\text{in}}(z_k)\log \sigma_k\right] \tag{4-19}$$

$$L_{\text{dep}} = \sum_{k \in \{c, d_1, d_2\}} \left[\frac{|z_r - z^*|}{\sigma_{\text{dep}}} + I_{\text{in}}(z_k)\log \sigma_{\text{dep}}\right] \tag{4-20}$$

为了提升模型的准确率，MonoFlex 还对模型检测框的 8 个顶点进行了预测。其损失函数如下：

$$L_{\text{corner}} = \sum_{i=1}^{8} |v_i - v_i^*| \tag{4-21}$$

式中：v_i 是预测框顶点的真实坐标，v_i^* 是预测框顶点的预测坐标。

4.3.3 模型训练与结果分析

4.3.3.1 MonoFlex 网络训练与结果分析

MonoFlex 模型比 YoloX 模型复杂，因为前者不仅能够识别目标，而且能判断 3D 目标相对位置。简单的安全隐患不需要使用 MonoFlex 模型进行识别，我们使用 MonoFlex 模型的目的是检测一些关键目标位置和尺寸信息。用于训练 MonoFlex 模型的数据集的组成如表 3-5 所示。模型的训练效果如图 4-23 和图 4-24 所示。

从这两幅图中可以看出，MonoFlex 模型在经历 90 轮左右训练后逐渐趋于平稳，最后

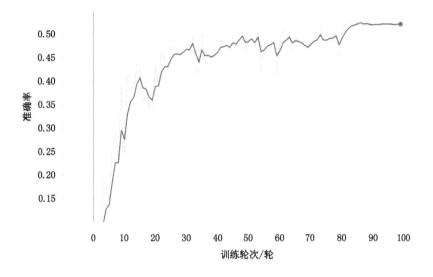

图 4-23　MonoFlex 模型训练准确率图

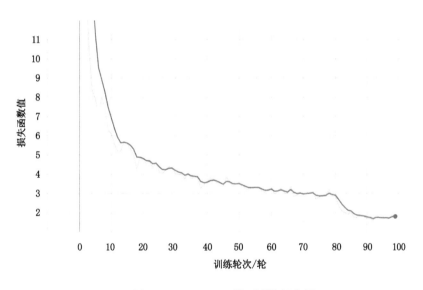

图 4-24　MonoFlex 模型训练损失图

的准确率为 52.1% 左右。在训练至 80 轮时,学习率的衰减策略发生变化,使得模型的损失率和准确率曲线趋势也发生了变化。利用 MonoFlex 模型对 3 种目标进行了检测,其各自的检测效果(准确率)如表 4-6 所示。

表 4-6　MonoFlex 模型检测效果

检测对象	车辆	皮带运输机	行人	平均
mAP@50	62.4%	58.3%	35.6%	52.1%

从表 4-6 中可以看出,相对于皮带运输机和车辆,行人目标较难检测,其准确率只有 35.6%。MonoFlex 模型与其他模型检测情况的比较如表 4-7 所示。

表 4-7　3D 目标检测模型对比

模型	是否需要额外训练数据集	FPS(V100)	准确率(AP50)
MonoEF	是	32	50.6%
CaDDN	否	3	48.9%
Smoke	否	33	42.7%
MonoFlex(无合成数据)	否	29	49.9%
MonoFlex	否	29	52.1%

注:FPS 表示帧每秒。

从表 4-7 中可以看出,MonoFlex 模型具有较高的检测速度和准确率,且对模型训练不再需要额外的数据集。因此,它是一种比较有效的单目 3D 目标检测模型。MonoFlex 模型的现场检测效果如图 4-25 所示。

图 4-25　MonoFlex 模型检测效果示例

4.3.3.2　复杂安全隐患识别结果分析

将 MonoFlex 模型与其他模型相组合,并采用规则推理方法可以对复杂安全隐患进行识别。我们选择的识别对象分别为横跨皮带、违规扒车、行车行人以及皮带异物等安全隐患,判定标准和判定结果如表 4-8 所示。

表 4-8　复杂安全隐患识别效果对比

安全隐患	判定标准	准确率
横跨皮带	1. MonoFlex 模型:人与皮带距离大于 0 m 小于 0.5 m。 2. ST-GCN 模型:人有攀爬动作、跨越动作。 3. MonoFlex 模型:人与皮带距离小于 0 m	88%

表 4-8(续)

安全隐患	判定标准	准确率
违规扒车	1. MonoFlex 模型:人与车辆距离小于 0.5 m。 2. DeepSort 模型:车辆在移动。 3. ST-GCN 模型:人有攀爬动作	92%
行车行人	1. MonoFlex 模型:人与车辆距离小于 5 m。 2. DeepSort 模型:车辆在移动。 3. ST-GCN 模型:人在车前移动	90%
皮带异物	1. YoloX 模型:检测到煤矸石、铁器异物。 2. MonoFlex 模型:异物位于皮带运输机范围以内	89%

从表 4-8 中可以看出,采用组合模型方法,将不同模型检测结果相结合,能够有效识别一些比较复杂的安全隐患。组合模型对横跨皮带、违规扒车以及行车行人这三种不安全行为的检测准确率分别为 88%、92% 和 90%。此外,在皮带异物隐患检测中,采用组合模型,首先利用 MonoFlex 模型判断出皮带的位置,其次将皮带异物的判断范围限定在皮带运输机的范围之内,解决了 2D 目标检测模型在非皮带运输机专用监控摄像头场景下可能出现的异物误检测问题。

4.4　小　结

本章完成了基于视频图像数据的安全隐患识别模型的构建与训练。构建了基于 YoloX 模型的静态隐患识别模型,实现了不戴安全帽、有皮带异物、火灾等安全隐患的识别;采用 DeepSort 算法实现了安全隐患目标的追踪,识别准确率达到了 89.9%,优于 YoloV4、YoloV5 等模型。在 YoloX 模型的基础上,采用串联融合法,构建了基于 YoloX＋AlphaPose＋ST-GCN 的动态安全隐患识别模型,对井下打闹、摔倒、睡觉等动态不安全行为进行了识别,识别准确率达到了 90.0%。其中,AlphaPose 模型的准确率优于 OpenPose、Mask R-CNN 等模型,ST-GCN 模型的准确率优于 H-RNN、Temporal Conv 等模型。

针对横跨皮带、违规扒车、行车行人以及非皮带专用摄像头场景下皮带异物检测等复杂安全隐患,采用组合融合法(规则推理),即融合 YoloX、AlphaPose、ST-GCN 和 MonoFlex 等模型构建了复杂安全隐患识别模型,对于上述四种隐患的识别准确率分别达到了 88%、92%、90% 和 89%。其中,MonoFlex 3D 目标检测模型的性能优于 CaDDN、Smoke 等模型。在模型训练过程中,采用了数据增强方法使 YoloX 和 AlphaPose 模型的准确率分别提升了 2.8% 和 2.2%,基于 UE4 3D 引擎生成的合成数据使 YoloX、AlphaPose、ST-GCN 和 MonoFlex 四个模型的识别准确率分别提升了 4.3%、4.8%、6.6% 和 3.2%。

验证结果表明,本研究所采用的数据增强和数据合成方法能够有效提升模型的训练效果,构建的基于视频图像数据的不同类别安全隐患智能识别模型,可以实现对煤矿安全隐患的自动识别。

5 基于时间序列数据的煤矿安全隐患识别

时间序列数据来源于煤矿各种环境和设备传感器。时间序列数据能够反映环境和设备状态,其中蕴含了丰富的隐患特征信息。本章将在第 3 章隐患分类和构建的各类数据集基础上,深入分析安全隐患特征,构建基于数值预测的安全隐患识别模型和基于分类类型的安全隐患识别模型,并进行实验和对比分析。

5.1 煤矿井下时间序列检测数据特征分析

煤矿井下传感器类型众多,可实现对井下环境和设备等表征指标的持续检测。环境传感器可连续检测甲烷、一氧化碳、氧气、风速、矿山压力、水压、水位、水温、水质、声音变化、煤尘浓度、环境温度、微震、地音、电磁辐射、环境湿度等环境表征指标值。设备传感器可连续检测支架液体压力、电力消耗、电压、转速、震动等设备表征指标值。这些数据不仅与其自身的历史状态相关,数据之间还存在关联性,如某一区域多监测点的甲烷浓度、一氧化碳浓度、风速和环境温度之间存在关联性。这些井下时间序列检测数据隐含诸多信息,特别是一些安全隐患的特征信息。当前,这些井下时间序列检测数据隐含的关联关系多呈非线性,尚无法采用传统模型对其进行分析。因此,本研究尝试构建以深度神经网络为主的自然语言处理模型,以实现对安全隐患的自动识别。

自然语言处理(Natural Language Processing,NLP)是研究人与计算机交互语言问题的一门学科。与 CV 一样,NLP 技术也是人工智能的核心课题之一。人的语言可以看作极为复杂的时间序列数据,与 CV 相比,NLP 的任务更为多样,比如翻译、对话、信息抽取、情感分析等。NLP 的模型通常具有很强的表达能力,能够深入挖掘序列数据之间隐藏的关系,因此能够胜任时间序列数据的分析任务。目前,NLP 的主要模型包括 RNN 神经网络和 Transformer 神经网络,这两种模型结构不同,但是模型的表达能力都很强。

时间序列数据与视频图像数据相比,生成速度慢且数据量小。图像数据通常为一秒 24 帧,即在 1 秒内模型需要执行 24 次检测,而时间序列数据的采样时间通常为秒级,如 10 秒一次采样,即模型 10 秒内只需要检测 1 次。因此,用于时间序列分析的模型通常较小且速度快,对设备的运算能力不敏感,在实际应用中能够将多个模型融合在一起,在提升模型运算准确率的同时,无须考虑设备的算力、内存大小和检测速度。

在第 3 章中,我们对通过时间序列数据进行识别的安全隐患做了分类,将其分为基于数值预测识别的安全隐患和基于分类类型识别的安全隐患。由于时间序列数据中的安全隐患在识别特征上具有相似性,本章将选取瓦斯浓度预测和破碎臂跳闸故障预测作为两类安全隐患识别模型的验证对象。选取三种主流的 NLP 模型,即 LSTM 模型、GRU 模型和 GPT 模型,分别构建安全隐患识别模型并采用 Stacking 方式实现模型的融合,以获得更好的识别效果。采取预训练＋微调的策略进行模型训练。这种训练策略的优点是不仅能够充分利用训练数据实现样本不均衡情况下的模型构建，而且可以提高模型利用率并将已经训练好的预训练模型用于多种任务。此外，在训练分类模型过程中，为提升训练效果，采用3.4.2中的 TimeGan 方法生成模拟数据，从而实现对训练数据集的扩充。

5.2　安全隐患识别模型构建的基本方法

5.2.1　LSTM 神经网络

LSTM(Long Short Term Memory，长短记忆神经网络)是 RNN 网络的一种。与普通结构的 RNN 相比，LSTM 可以有选择性地记录长短记忆。LSTM 会以一种非常精确的方式传递记忆，通过一种特定的学习机制决定哪些部分的信息需要被记住，哪些部分的信息需要被更新，哪些部分的信息需要被注意。这有助于在更长的时间内追踪信息。在标准 RNN 中，主要的网络单元只有一个 $\tan h$ 激活层。而与 RNN 相比，LSTM 则较为复杂，它的主要网络单元包含多层不同的神经网络结构，且每层之间的交互方式有所不同。一个LSTM 网络的标准结构如图 5-1 所示。

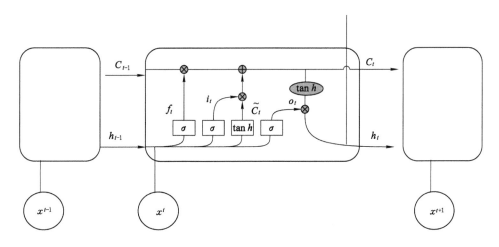

图 5-1　LSTM 标准结构

在图 5-1 中，黑线代表向量的传播，合并黑线代表拼接，分流代表复制，粉色的圈代表按位的操作(如两个向量之和)，黄色的方块则是神经网络层。LSTM 一共有三个门，分别为忘记门、输入门和输出门，具体解释如下：

(1) 忘记门。忘记门的作用对象是细胞状态(图中的 C)，其功能是将细胞状态中的信息选择性遗忘。简单来说，就是会"忘记不重要的，记住重要的"。如句子"他今天没来，所以我……"，当处理到"我"字的时候，将前面的"他"选择性遗忘，从而使句子能够更加关注"我"这个字后面的信息。设 f_t 是忘记门的输出，σ 是 sigmoid 函数，h 是隐状态，x_t 是本层输入，W_f、b_f 分别代表忘记门权重和偏置，则忘记门的公式为：

$$f_t = \sigma(W_f \cdot [h_{t-1}, x_t] + b_f) \tag{5-1}$$

(2) 输入门。输入门的作用对象同样是细胞状态，其功能是将本层的输入信息有选择性地记录到细胞状态中,哪些重要则着重记录下来,哪些不重要则少记一些。同样以"他今天没来,所以我……"这句话为例,当处理到"我"这个词的时候,主语"我"会被更新到细胞状态。设 i_t 是输入门的输出,W_i、b_i 分别代表输入门权重和偏置,$\widetilde{C}_t$ 是待被加入细胞状态的由本层输入的候选向量,W_C、b_C 是候选向量的权重和偏置。输入门的公式如下:

$$i_t = \sigma(W_i \cdot [h_{t-1}, x_t] + b_i) \tag{5-2}$$

$$\widetilde{C}_t = \tan h(W_C \cdot [h_{t-1}, x_t] + b_C) \tag{5-3}$$

通过忘记门和输入门可以得到本层细胞状态的公式:

$$C_t = f_t \cdot C_{t-1} + i_t \cdot \widetilde{C}_t \tag{5-4}$$

(3) 输出门。输出门的作用对象是隐藏层(图中 h),它决定了本层最终要输出什么值。输出的结果取决于本层的细胞状态和本层的输入。输出门将细胞状态通过 $\tan h$ 函数进行处理,并将它和输入门的输出相乘,从而得到本层的隐变量输出。设 o_t 是输出门的输出,W_o、b_o 是输出门的共享权重和偏置,则输入门的计算公式为:

$$o_t = \sigma(W_o \cdot [h_{t-1}, x_t] + b_o) \tag{5-5}$$

$$h_t = o_t \cdot \tan h(C_t) \tag{5-6}$$

将忘记门、输入门和输出门按图 5-1 相连,便组成了 LSTM 的主要单元。LSTM 网络输出结构和用于训练的损失函数会根据任务的不同而有所不同。此外,LSTM 可以进行多层堆叠,从而提升模型的表达能力。通常情况下,LSTM 对堆叠层数为 2 或者 3,本研究选用 2 层 LSTM 网络作为构建基于时间序列数据的安全隐患识别模型,具体的双层 LSTM 结构如图 5-2 所示。

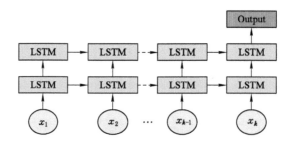

图 5-2 双层 LSTM 结构

5.2.2 GRU 神经网络

GRU 神经网络和 LSTM 神经网络都是 RNN 神经网络。与 LSTM 网络相比,GRU 的结构更简单。作为 LSTM 神经网络的变体,GRU 同样能够解决 RNN 网络中的长依赖问题。

在 LSTM 网络中一共有三个门函数,即输入门用来控制输入值、遗忘门用来控制记忆值和输出门用来控制输出值。GRU 网络简化了这个结构,它只有两个门,即更新门和重置门,具体结构如图 5-3 所示。

GRU 的网络结构与 LSTM 网络结构相似,z_t 代表更新门,r_t 代表重置门。更新门的作用是控制前一时刻的网络状态信息输入当前时刻网络状态中的程度,更新门的数值越大,

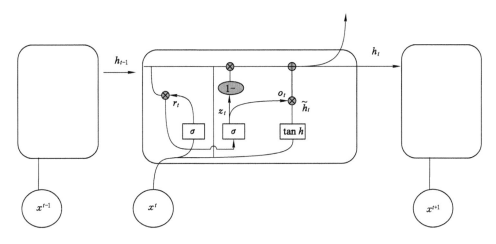

图 5-3 GRU 结构

说明输入前一时刻网络状态的信息越多。重置门控制前一状态有多少信息被写入当前的候选集 $\tilde{h}_t$，重置门越大，前一状态对当前的状态影响越大。网络的前向传播公式为：

$$r_t = \sigma(W_r \cdot [h_{t-1}, x_t] + b_r) \tag{5-7}$$

$$z_t = \sigma(W_z \cdot [h_{t-1}, x_t] + b_z) \tag{5-8}$$

$$\tilde{h}_t = \tan h(W_{\tilde{h}} \cdot [r_t \cdot h_{t-1}, x_t] + b_{\tilde{h}}) \tag{5-9}$$

$$h_t = (1 - z_t) \cdot h_{t-1} + z_t \cdot \tilde{h}_t \tag{5-10}$$

式中：W_z、W_r 和 $W_{\tilde{h}}$ 分别代表更新门、重置门和候选集的权重。b_z、b_r 和 $b_{\tilde{h}}$ 分别代表更新门、重置门和候选集的偏置。

同 LSTM 网络一样将多个图 5-3 中的模块相连，便组成了 GRU 网络。GRU 同样可以用多层堆叠，其堆叠方式与 LSTM 相同，本研究同样选择 2 层 GRU 网络构建基于时间序列数据的安全隐患识别。GRU 网络输出结构和用于训练的损失函数会根据任务的不同而有所不同。对于回归问题，选用的损失函数为均方误差（MSE），分类问题则选用交叉熵损失函数（Cross Entropy Loss）

5.2.3 GPT 神经网络

自从 Transformer 模型被提出以后，基于其基本结构的 NLP 模型被陆续提出，其中最为成功的两个模型分别为 BERT（Bidirectional Encoder Representation from Transformers，是双向语言模型）和 GPT（Generative Pre-trained Transformer，单向语言模型）。BERT 采用的是 Transformer 的 Encoder 部分；GPT 采用的是 Transformer 的 Decoder 部分。Transformer 具体结构参见 2.2.3 小节。BERT 和 GPT 两者对应完成的任务不同。由于本章研究的对象是时间序列数据，时间序列数据和语言的不同点在于，某一点的状态只与该点之前的状态相关，而与该点之后的状态无关。因此，从模型结构上看，GPT 模型更加适合本章研究的问题。GPT 结构如图 5-4 所示。

从图 5-4 中可以看出，GPT 的主要结构就是 Transformer 的 Decoder 部分。Transformer 是一个可以堆叠的网络结构，经过多层 Transformer Decoder 结构的堆叠后，就形成一个深

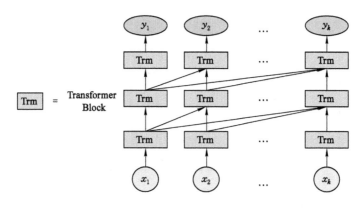

图 5-4　GPT 结构

层的网络结构。

　　GPT 本身是一个预训练模型,经过预训练的 GPT 模型会基于不同的下游任务,在结构上做轻微调整。GPT 的训练步骤包含两个,一个是预训练,一个是微调,在微调阶段,网络结构可以根据不同的训练任务做不同的修改。

　　GPT 模型输入如图 5-5 所示,在处理自然语言的情况下,对每一个单词进行一个 Token Embedding 和 Position Embedding 的操作,将其转化为词向量。由于本研究的对象是数值类型的时间序列数据,因此无需 Token Embedding,该向量即 Token,GPT 的输入为连续的 Token 表征。

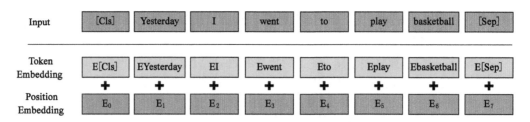

图 5-5　GPT 模型输入

　　Positon Embedding 的作用是让模型能够识别输入的先后顺序。Position 的函数实际上是一系列的频率成倍数正余弦波,其维度与输入的维度相同,如图 5-6 所示。利用 Position Embedding,GPT 模型能够解决序列的顺序问题。

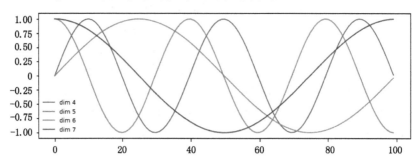

图 5-6　Position Embedding 展示图

此外,在构建 GPT 模型时,因为本研究的对象为时间序列数据而非自然语言,因此 muti-head self-attention 结构并不适用,故将 GPT 模型中的 muti-head self-attention 结构修改为 single-head self-attention。

5.2.4 Stacking 模型融合

为了提升基于时间序列数据预测结果的准确率,本研究采用 Stacking 融合方法对多种模型进行融合。Stacking 融合的基本思想是训练一个用于组合其他模型的模型,即先利用训练集训练出多个不同的模型,然后将这些模型的输出作为输入训练一个新的模型。Stacking 模型通常会成倍地消耗计算资源,但因本身用于时间序列数据预测的模型不大,且传感器的采集几秒钟 1 次而非视频数据的 1 秒钟多帧数据,因此采用 Stacking 的方法所消耗的计算量仍是可以接受的。

在 Stacking 融合方法中,每一个被融合的学习器叫作初级学习器,用于将初级学习器融合的学习器叫作次级学习器或元学习器(Meta-learner),初级学习器的结果将用于次级学习器的训练,被称为次级训练集。

Stacking 模型通常的结构为单模型 K 折交叉＋多模型融合。假如 K 的数值为 5,采用 2 种模型,共有 12 500 条数据,则 Stacking 模型的过程如下:

(1) 将数据集划分为训练集、测试集。使用 2 500 条作为测试集,10 000 条作为训练集。所谓 K 折是指将训练集分为 K 份,因此 10 000 条数据集被分成了 5 份,每份 2 000 条数据。

(2) 将 5 份训练集中的 1 份用于验证,剩下的用于训练。

(3) 选取一种模型进行训练。

(4) 训练完成后对用于验证那一份数据进行预测,预测结果将是一条 2 000 行的数据,记为 a1。

(5) 再对测试集的 2 500 条数据进行预测,生成 2 500 条预测数据,记为 b1。

(6) 重复步骤(4)(5),直至 5 份训练集中的每一份都被用于验证集,最终会生成 5 列 2 000 行的验证数据(a1,a2,a3,a4,a5)和 5 列 2 500 行的测试数据(b1,b2,b3,b4,b5)。将 (a1,a2,a3,a4,a5)合并成一个新的 10 000 行的训练集 A1,将(b1,b2,b3,b4,b5)取平均值合成新的 2 500 条的测试集 B1。

(7) 选取另外一种模型训练,重复步骤(3)(4)(5)(6),得到训练集(A1,A2,…,Am)和 (B1,B2,…,Bm)。

(8) 拼接(A1,A2,…,Am),形成一个 10 000×m 的矩阵作为新的训练集。拼接(B1, B2,…,Bm)形成一个新的 2 500×m 的矩阵作为测试集。

(9) 用新的训练集训练次级学习器,并用新的测试集测试结果。

整个 Stacking 模型融合的方式如图 5-7 所示。

5.2.5 模型预训练

预训练最早在 CV 中被广泛使用。在 CV 中,模型一般采用的预训练任务是对 CoCo、ImageNet 等数据集上的图片分类或者目标识别,由于图像通常都具备某种类似性,采用 CoCo、ImageNet 等大规模、高质量的数据集进行预训练,常常能够使模型学习到图像的普

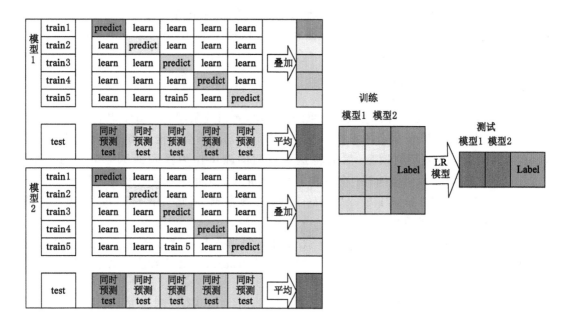

图 5-7　Stacking 模型融合方式

遍规律,从而获得良好的训练效果。

对 NLP 模型而言,尽管人工标注数据集较少,但是可以利用已有的大规模文本或者时间序列数据来构建预训练任务。本研究采用的 LSTM、GRU 以及 GPT 模型的预训练任务相同,其说明如下:

对于给定一个文库或者完整时间序列数据 $U=[u_1,u_2,\cdots,u_n]$,设 k 代表模型的上下文滑动窗口的大小,则模型的预训练任务需要最大化下面的似然函数:

$$L(U) = \sum_i \log P(u_i \mid u_{i-k},\cdots,u_{i-1};\theta) \tag{5-11}$$

事实上,模型的预训练过程是在训练一个预测模型,即用前面的时间序列预测下一时刻的数值。因此,本研究的预训练过程实际也是数值检测类模型的训练过程。

5.3　模型训练与结果分析

5.3.1　训练数据选取

深度学习模型具有很强的学习能力、表达能力和通用性,因此对于不同类型的安全隐患,即使没有一定的先验知识或者专家意见,依然能够较好地完成任务,并且对于不同任务,模型结构不需要做复杂的调整或者只需要较小的调整。本研究将基于时间序列数据的安全隐患识别分为两类任务:其一是预测数值,其二是直接判断隐患。二者在预训练阶段的训练方式相同,可以共用,但是在微调阶段不同,需要独自训练。

5.3.1.1　基于数值预测识别的安全隐患

在本研究中,我们选取瓦斯浓度预测任务来验证基于数值预测的安全隐患识别模型。

井下瓦斯浓度超限会导致瓦斯爆炸、人员窒息等事故,瓦斯浓度是判断瓦斯突出的标志性指标。因此,瓦斯浓度测量和预测对井下预防瓦斯事故至关重要。

我们用于瓦斯浓度预测的实验数据来自山西某矿的生产环境监测系统。选取从 2020 年 8 月 1 日开始,连续 12 日某时段某个区域内多个采样点的瓦斯、CO 浓度、粉尘、温度、空气流速数据,系统中瓦斯浓度、CO 浓度和粉尘的采集频率为 2 分钟 1 次,风速的采集频率为 10 秒钟 1 次,温度的采集频率为 30 秒钟 1 次。为了保持采集频率的一致性,将数据统一设置为 2 分钟 1 次,从而得到 12 天共计 8 640 条数据,将滑动窗口设为 120,则可以得到 8 520 条训练数据。数据训练前进行归一化处理,原始数据集的样本如表 5-1 所示。

表 5-1 瓦斯原始数据集样本

序号	027A01 点 瓦斯浓度/%	027A02 点 瓦斯浓度/%	027B01 点 CO 浓度/($\times 10^{-6}$)	...	027C01 点 风速/(m·s^{-1})	027D01 点 温度/℃
1	0.16	0.26	1.4	...	1.87	18.6
2	0.19	0.32	1.6	...	1.91	18.6
3	0.23	0.19	1.2	...	1.54	18.2
...	...	...	...	...	...	...
8638	0.21	0.34	0	...	2.01	19.2
8639	0.18	0.33	0	...	1.98	19.1
8640	0.24	0.26	0	...	1.99	19.3

5.3.1.2 基于分类类型识别的安全隐患

在本研究中,我们选取采煤机过热跳闸故障预测任务来验证基于分类类型的安全隐患识别模型。采煤机是实现煤矿生产机械化和自动化的重要设备之一,其一般由截割部、装载部、行走部(牵引部)、电动机、操作控制系统和辅助装置等组成,其主要工作是将整块的煤壁破碎后,通过配套的刮板机运输出去。常见的采煤机故障有液压故障、轴承故障、过热跳闸故障等。其中过热跳闸与很多因素相关,包括滚筒温度、滚筒电流、滚筒启停、牵引温度、变压器温度和摇臂温度等,但是由于故障原因具有不确定性和模糊性,因此非常适合采用深度学习模型对此类安全隐患进行判断。

用于训练模型的数据来自多个煤矿采煤机监控系统。采煤机传感器的采样间隔通常为 10 秒一次,我们选取 30 分钟共计 180 个时间点的窗口宽度。收集的数据集中共有 500 条故障数据,其中 400 条数据用于训练,100 条数据用于测试。此外,用于训练的 400 条数据采用 3.4 节中的 TimeGan 数据合成方法扩充到了 800 条训练数据。用于预训练的数据有 54 000 条,其中包含故障数据。用于分类任务训练的数据有 5 200 条,包括 3 600 条无故障数据、800 条合成无故障数据、400 条故障数据和 400 条合成故障数据。数据训练前会进行归一化处理,原始的数据集样本如表 5-2 所示。

表 5-2 采煤机原始数据集样本

序号	左滚筒温度/℃	左截割电机温度/℃	左截割电机电流/A	⋯	牵引速度/(m·s⁻¹)	变压器温度/℃
1	82.31	67.36	72.12	⋯	8.2	82.12
2	82.62	68.24	72.14	⋯	8.2	81.25
3	83.76	67.98	71.29	⋯	8.2	81.73
⋯	⋯	⋯	⋯	⋯	⋯	⋯
9621	96.22	73.21	75.67	⋯	14.8	82.34
9622	98.71	73.64	77.54	⋯	14.8	82.64
9623	98.71	72.57	72.31	⋯	14.8	83.11
⋯	⋯	⋯	⋯	⋯	⋯	⋯

5.3.2 数值预测模型训练与结果分析

在对用于数值预测的模型训练过程中,分别对上述 4 个模型进行(预)训练,单个模型训练周期 140 轮,融合模型的训练周期为 70 轮,模型的损失曲线如图 5-8 所示。

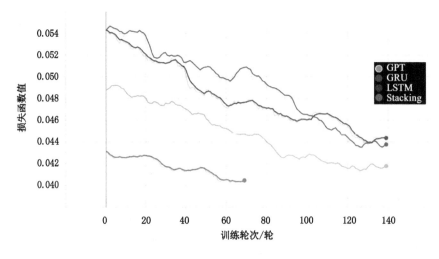

图 5-8 模型的损失曲线

从图 5-8 中可以看出:GRU 和 LSTM 的网络结构相似,其损失函数曲线相似,两者训练至 130 轮时开始平稳;GPT 模型收敛速度更快,更为有效,约训练至 95 轮时开始收敛;使用 Stacking 对模型进行融合能够获得更高的准确率,损失函数值更小。采用 2.3.1.2 中构建的回归问题评价模型对 4 个模型性能进行评价,评价结果如表 5-3 所示。

表 5-3 4 个模型性能对比

方法	RMSE	MAPE/%
LSTM	0.143	1.12
GRU	0.141	1.16
GPT	0.138	1.11
Stacking 融合	0.131	0.98

从表 5-3 中可以看出,GPT 模型的 RMSE 和 MAPE 比 LSTM 模型和 GRU 模型都要低,性能更好;Stacking 融合模型则性能最佳。检验结果表明,NLP 模型可以对基于数值预测类型的安全隐患进行识别。4 个模型的预测效果如图 5-9 所示。

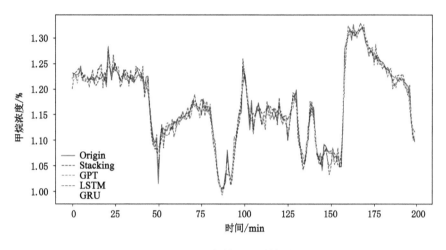

图 5-9　4 个模型预测效果

5.3.3　分类模型训练与结果分析

对上述 4 个模型进行了分类任务训练。首先对单个模型进行 180 轮预训练,其次预训练结束后进行 120 轮单模型训练,最后进行 80 轮融合模型训练。模型预训练的过程不再赘述。分类任务训练的损失曲线如图 5-10 所示。

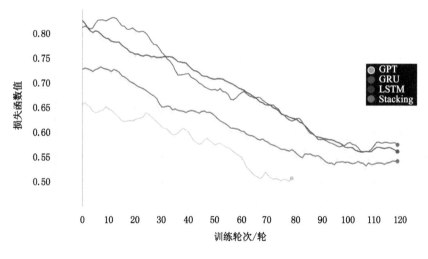

图 5-10　4 个模型的损失曲线

从图 5-10 中可以看出,GRU 模型和 LSTM 模型在训练 105 轮后开始平稳,GPT 网络在训练 95 轮后开始平稳,Stacking 融合模型在训练 72 轮后开始平稳。这 4 个模型的准确率曲线如图 5-11 所示。

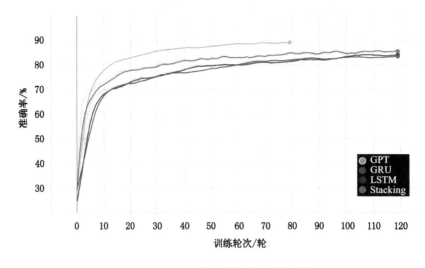

图 5-11　4 个模型的训练准确率曲线

从图 5-11 中可以看出：针对采煤机过热跳闸故障的判断，使用 Stacking 融合模型能够提升模型的准确率，最终的准确率为 89.15％。GPT 模型的准确率相比 LSTM 和 GRU 的稍高，为 85.40％。LSTM 和 GRU 模型的准确率稍低，分别为 83.62％和 84.47％。此外，四个模型的 F1-Score 如表 5-4 所示。

表 5-4　4 个模型性能对比表

模 型	准确率/％	F1-Score
Stacking 融合	89.15	0.595
Stacking（无合成数据）	85.61	0.521
Stacking（未预训练）	82.22	0.439
GPT	85.40	0.517
LSTM	83.62	0.496
GRU	84.47	0.480

F1-Score 比准确率更能体现一个模型的综合性能，通过不同模型 F1-Score 的对比可见，Stacking 融合模型性能最佳。验证结果证明，NLP 模型可以对基于分类类型的安全隐患进行识别。

为了评估合成数据对训练模型的有效性，我们对合成数据的训练效果进行了测试。采用真实数据＋合成数据的方式进行训练，合成数据的正负样本比为 1：2，模型采用 Stacking 融合模型。选取样本对训练后模型识别效果进行了验证，模型识别准确率结果如图 5-12 所示。

从图 5-12 中可以看出，采用真实数据＋合成数据的方式训练模型能够获得最佳的认识效果。其原因可能是合成数据与真实数据的特征分布存在一定差异，合成数据能够使模型更加注意一些关键特征，有利于提升模型的性能。

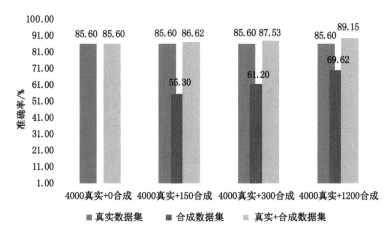

图 5-12 合成数据训练模型识别效果对比

5.4 小 结

本章采用 LSTM、GRU 和 GPT 模型,分别构建了基于数值预测的安全隐患识别模型和基于分类类型的安全隐患识别模型,并采用 Stacking 方法将三种模型并联融合,有效提升了模型的识别准确率。

将瓦斯浓度作为其安全隐患判别的依据,利用瓦斯浓度时间序列数据,采用 LSTM、GRU 和 GPT 模型,构建了瓦斯浓度预测模型。LSTM、GRU 和 GPT 模型的 RMSE 分别为 0.143、0.141 和 0.138,MAPE 分别为 1.12%、1.16% 和 1.11%,Stacking 融合模型的 RMSE 和 MAPE 分别为 0.131 和 0.98%,说明 Stacking 融合模型预测效果更佳,可以利用该模型对瓦斯浓度进行预测,进而实现对瓦斯安全隐患的识别。

通过采煤机过热跳闸预测实现其安全隐患判别。利用多个煤矿采煤机监控系统数据,采用 LSTM、GRU 和 GPT 模型,构建了采煤机过热跳闸预测模型。通过样本预测验证,3 种模型的准确率分别为 83.6%、84.5% 和 85.4%,F1-Score 指标分别为 0.496、0.480 和 0.517,Stacking 融合模型的准确率和 F1-Score 分别为 89.2% 和 0.595。说明 Stacking 融合模型预测效果更好,可以利用该模型对采煤机过热跳闸进行预测,进而实现对采煤机过热跳闸安全隐患的识别。

在模型训练过程中,分别采用预训练策略和基于 TimeGan 模型生成合成数据的方式进行训练,使 Stacking 融合模型对采煤机过热跳闸预测准确率分别提升了 6.9% 和 3.6%,F1-Score 分别提升了 0.156 和 0.074。说明采用预训练和 TimeGan 数据合成方法能够提升模型的训练效果,提升所构建模型的预测性能,提高安全隐患识别的准确度。

6 煤矿安全隐患智能识别系统开发

煤矿安全隐患智能识别模型构建为隐患排查和治理提供了先进手段。为了将这些模型应用到煤矿安全生产实践中,需要搭建应用平台系统,构筑模型运用的基础和条件,包括基础框架搭建,数据采集、治理、传输和存储,模型封装、存储、部署和在线推理,结果可视化与预警分析等。本章在已经构建安全隐患识别模型基础上,设计包括底层框架、数据仓库、推理服务以及应用 App 等内容的煤矿安全隐患智能识别系统,初步完成系统开发和应用。

6.1 总体设计

煤矿安全隐患智能识别系统采用自上而下的设计思想,首先进行系统整体设计,其次进行各个分支系统设计。按照互联网架构进行层级划分,可以将煤矿安全隐患智能识别系统分为感知层、传输层、支撑层(平台层)和应用层(图 6-1),各层级介绍如下:

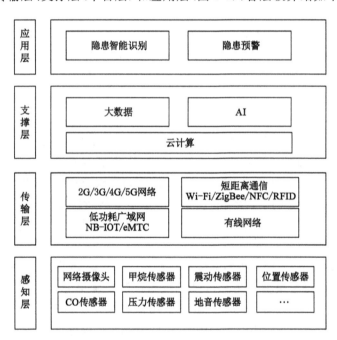

图 6-1 系统整体结构

（1）感知层。感知层是整个系统的最前端,其作用是采集煤矿生产过程所产生的各类物理事件和数据。感知层涉及传感器、多媒体、RFID 和实时定位等技术。常见的煤矿感知层设备有气体传感器、温度感应器、声音感应器、震动感应器、压力感应器和监控摄像头等。

此外,感知层还包括一些终端设备设施,协助进行数据的转换与传输。

(2)传输层。传输层利用现有的网络通信技术,负责数据的传输工作。传输层主要包括有线网络(ATM/以太网等)、移动无线网络(2G/3G/4G/5G/Wi-Fi6)、卫星通信网等基础网络设施,负责对感知层的数据进行接入和传输。

(3)支撑层。支撑层利用高性能网络计算环境,将来自感知层的海量信息资源整合成大型智能网络,为应用层的服务管理和行业应用建立一个高效、可靠的计算平台。支撑层将各种分布式计算技术、虚拟化技术、AI技术、数据存储技术、数据管理技术、数据挖掘技术和现代计算机技术相结合,是整个系统的核心。

(4)应用层。应用层是系统的最高层级,直接面向用户,包括各类用户界面、显示设备或者其他管理设备等。应用层是实际业务应用的管理平台和运行平台,并根据需求的不同提供各种定制化服务。

可以按照地理位置和应用场景,对煤矿安全隐患智能识别系统进行总体设计。具体可将其划分为"端、边、云"三个部分。与按互联网架构划分的系统层级结构不同,在"端、边、云"架构中,"端"与感知层的作用相同,没有传输层和应用层,但对支撑层进行了细分,将支撑层划分为边缘计算和云计算两个部分。

"云"是传统云计算理念的中心节点,对于边缘计算来说是管控端;"边"是云计算的边缘侧,分为基础设施边缘和设备边缘,受控于中心云端;"端"是终端设备,如手机、智能终端、各类传感器、摄像头等。

采用"端、边、云"架构对系统进行总体设计,将数据存储、传输、计算和安全交给边缘节点处理,将应用程序从边缘侧发起,可以产生更快的网络服务响应,满足用户在实时业务、应用智能、安全与隐私保护等方面的需求。将算力从中心下沉到边缘,边缘计算将推动形成"云、边、端"一体化的协同计算体系。系统"端、边、云"的架构如图6-2所示。

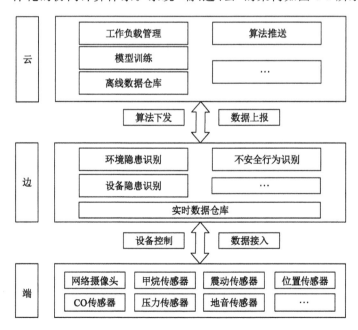

图 6-2　系统"端、边、云"架构

在本研究中,对于煤矿安全隐患智能识别系统的设计主要集中在支撑层和应用层两部分。采用 Kubernetes＋Docker 容器技术构建整个系统的底层环境。在底层环境之上构建实时数据仓库、离线数据仓库和 AI 推理服务。其中实时数据仓库为隐患识别系统在线检测提供实时数据源,离线数据仓库存储历史数据。实时数据仓库和 AI 推理服务被放置在"边"中,以提升检测速度和效率。离线数据仓库被放置在"云"中,对历史数据进行保存并为模型训练提供数据源。此外,在资金充足的条件下,可以在"云"中单独设置 AI 推理服务专门用于模型的训练。数据在整个隐患识别系统中的流动如图 6-3 所示。

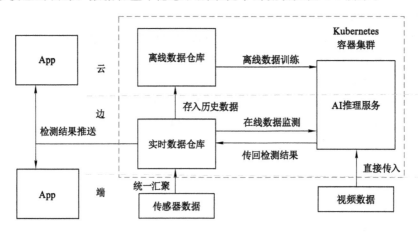

图 6-3   系统数据流动示意图

6.2   系统底层设计

采用 Kubernetes＋Docker 容器技术构建煤矿安全隐患智能识别系统底层环境,利用 Kubernetes＋Docker 的部署方式,实现整个系统的虚拟化、容器化和云端化,保证系统资源的高利用率、高运行效率和高可靠性。

6.2.1   基于 Docker 容器技术的平台搭建

采用 Docker 容器技术,设计系统服务和应用部署方案,保证系统快速高效部署。Docker 是一个容器引擎,让开发者可以用统一的方式打包他们的应用以及依赖包到一个可移植的容器中,然后发布到任何安装了 Docker 引擎的服务器上(包括流行的 Linux 和 Windows 系统)。由于容器使用的是沙箱机制,不同的程序运行在各自的容器(沙箱)中,不能互相访问,因此安全性高。容器本身占用系统资源较少,非常适合各种服务的部署。

在早期阶段,所有程序都部署在单纯的物理服务器上,资源分配与程序隔离是这种部署方式的两大问题。由于传统物理服务器难以定义程序运行的资源边界,所以程序之间存在资源抢占问题。例如,如果在同一个物理服务器上同时部署多个应用程序,则可能会出现某一个程序占用大量资源(CPU、磁盘、网络等)的情况,从而导致其他程序性能下降。但是如果每个物理服务器上只部署一个程序,则很可能使服务器长时间工作在低占用率状态,导致资源浪费,并且多物理服务器的维护成本很高。

传统物理服务器的上述缺陷促使虚拟化方案的诞生。虚拟化是指在一台物理服务器运行多个虚拟机(VM)。程序运行在各自的虚拟机上,从而实现了隔离。一个应用程序的信息不能被另一个应用程序随意访问,因此虚拟化技术的安全性较高。同时,虚拟化技术能够定义虚拟机的资源分配,也就间接定义了程序的资源边界,从而能够更好地利用物理服务器上的资源。当程序需要扩容时,利用虚拟机技术也能够很方便地分配资源,可伸缩性较强,可以有效降低硬件成本。虚拟机运行程序的原理如图 6-4 所示。

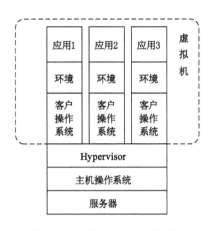

图 6-4　虚拟机运行程序的原理

从图 6-4 中可以看出,在虚拟机方案中,每台虚拟机可以看成是一台完整的计算机,其可在虚拟化的硬件平台上运行包括操作系统在内的所有组件。

虚拟机在操作系统层面进行隔离,每个程序独占一个虚拟操作系统,因此占用资源较多,可以说是一种重量级的隔离方案。随着 Docker 技术的发展,容器技术逐渐在很多领域替代了虚拟机技术。容器类似于虚拟机,但其隔离属性被放宽,应用程序不再独占而是共享操作系统,因此容器是轻量级的。一个容器拥有自己的文件系统、CPU、内存和进程空间等,这一点与虚拟机相同。基于 Docker 容器技术的程序部署如图 6-5 所示。

图 6-5　基于 Docker 容器技术的程序部署

相比虚拟机,容器的优势很多,包括持续部署与测试、跨平台支持、环境标准化与版本控制、高资源利用率与隔离等,具体介绍如下:

(1)持续部署与测试。由于采用了沙箱机制,程序在各自沙箱中运行,其所需各种环境依赖都在沙箱中。程序员开发完程序后,将所有环境一并打包在容器里生成软件部署镜像。测试和运维人员在测试和发布环节无须重新搭建环境,只需要在安装了 Docker 容器的主机设备上通过简单的命令行即可完成部署操作,并通过 Kubernetes 等工具方便地实现批量管理和监控。基于 Docker 技术的软件开发,消除了开发、测试和部署环节的环境差异,保证了应用生命周期环境一致性、标准化,简化了持续集成、测试和发布的过程。

(2)跨平台支持。容器技术将应用程序及其依赖的运行环境打包成一个镜像,只需通过简单操作即可实现程序部署,真正实现了"构建 1 次,到处运行"的理念。极大提高了容器的跨平台性。基于容器的高适配性,越来越多的开放云平台开始支持容器技术。目前,支持容器的公有云平台如亚马逊云平台、Google 云平台、微软云平台(Azure)和阿里云平台等。因此,用户不再受到某一个平台的限制,甚至能够实现跨平台的部署。

(3)环境标准化与版本控制。容器可以使生产环境和开发环境一致,实现环境的标准化。利用 Gt 等镜像管理工具可实现整个应用运行环境的版本控制。当出现故障时,程序可以快速简单地实现回滚操作。与虚拟机镜像相比,容器镜像的压缩、备份以及启动速度都更加快速。

(4)高资源利用率与隔离。由于容器技术在底层共享操作系统,没有管理程序的额外开销,系统负载更低,效率和性能更高。和虚拟机相比,容器在同等条件能够运行更多的应用实例。此外,容器同样有优秀的资源隔离与限制能力,能够对 CPU、内存和 IO 等资源进行有效分配,保证应用程序之间相互不影响。

6.2.2 基于 Kubernetes 的容器集群管理

整个系统采用了 Kubernetes 作为容器的管理平台。Kubernetes 是一个用于管理容器的项目,由谷歌于 2014 年开源,其提供了一个可弹性运行分布式系统的框架和自动化容器管理服务。Kubernetes 支持命令式对象管理、命令式对象配置和声明式对象配置三种对象管理模式。目前,Kubernetes 已经发展成为一个日益强大的生态系统,具有丰富的工具程序和广泛的社区支持。Kubernetes 建立在 Google 十几年大规模生产部署工作运行负载方面经验基础上,其优良特性能够满足各种扩展、故障转移、部署模式等需求。有别于单体系统,Kubernetes 所包含的各种功能都是可选和可插拔的。Kubernetes 提供了构建开发平台的基础。Kubernetes 主要特性如下:

(1)服务发现。Kubernetes 可以用 DNS 或者 IP 的方式公开容器访问地址。

(2)负载均衡。当有大量流量访问到某个容器时,Kubernetes 可以对容器进行复制,并对流量采取分流措施,实现负载均衡,保证部署稳定。

(3)存储编排。Kubernetes 支持多种存储系统,如本地存储系统、公有云存储系统等。

(4)自动部署。利用 Kubernetes 可以自动部署容器、创建新容器,或者根据需要删除现有容器并回收资源用于新容器。

(5)回滚。当更新后的容器出现异常时,可以利用 Kubernetes 将容器回滚到上一个版本,保持系统的正常运行。

(6)自动完成装箱计算。用户可以为每个容器制定其运行所需 CPU 和内存等资源。当用户请求容器资源时,Kubernetes 可以根据所需资源的大小进行决策并分配。

(7)自我修复。容器启动失败或者状态异常时,Kubernetes 能够重启或者替换该容器。

(8)密钥与配置管理。Kubernetes 能够帮助用户管理密码、OAuth 令牌或者 ssh 秘钥等敏感信息,利用 Kubernetes 可以不用在堆栈配置中暴露秘钥且在不重建容器的情况下部署、更新密钥和应用程序。

整个 Kubernetes 的结构如图 6-6 所示：

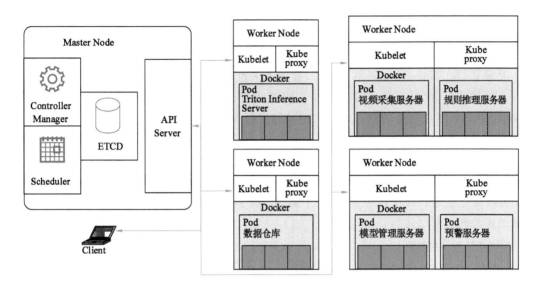

图 6-6　Kubernetes 的结构

（1）Master Node。Master Node 是 Kubernetes 集群的主控节点，几乎所有的 Kubernetes 控制命令都会先发送给 Master Node，并由其负责具体的执行过程。由于 Master Node 的重要性，其通常会被分配一个独立的服务器。Master Node 包含以下关键组件：

① API Server

API Server 是集群的统一入口（包含授权、数据校验以及集群状态变更），负责各个组件之间的数据交互和通信、资源配额控制以及集群安全机制，并以 REST API 的方式提供接口服务。

② Controller Manager

Controller Manager 是 Kubernetes 集群内部的管控中心，处理集群中常规后台任务，如 Node、Pod 副本、服务端点（End Point）、命名空间（Name Space）、服务账号（Service Account）和资源定额（Resource Quota）等的管理。如果集群中某个节点意外宕机，Controller Manager 会及时发现并修复，确保集群工作状态正常。

③ Scheduler

Scheduler 为 Kubernetes 的调度器，当集群创建一个 Pod 时，Scheduler 会根据调度算法在集群中寻找最合适的 Node 并将该 Pod 部署在该 Node 之上。

④ ETCD

ETCD 为一个分布式 key-value 存储。它在 Master Node 中的主要功能是共享配置服务，发现和保存 Pod、Service 对象信息等集群状态数据。

（2）Worker Node。Worker Node 是除了 Master Node 以外的节点。Worker Node 是集群中的工作负载节点，其主要任务是承载被分配 Pod 的运行。Worker Node 可以在运行中随时加入 Kubernetes 集群，并通过 Kubelet 组件向 Master 注册自己，被 Master Node 接

管后,Kubelet 就会定时向 Master Node 汇报自身状况,Master Node 根据 Kubelet 上报的信息实现高效均衡的资源调度策略。当 Worker Node 因故宕机时,Master Node 会将宕机 Worker Node 上的负载自动移到其他节点上。Worker Node 包含以下关键组件:

① Kubelet

Kubelet 是 Master Node 在 Worker Node 节点上的一个代理组件,是 Worker Node 上的主要服务,与 Master Node 密切协作,管理本节点运行容器的生命周期。Kubelet 从 API Server 组件接收命令,并向 API Server 汇报本节点的运行状况,管理本机运行容器的生命周期,包括 Pod 对应容器的创建、修改、删除和启停等任务。

② Kube Proxy

Kube Proxy 是 Worker Node 上的 Pod 网络代理,它是实现 Kubernetes Service 的通信、维护网络规则以及负载均衡的重要组件。Kube Proxy 从 API Server 获取 Server 信息,并根据该信息创建 Pod 代理服务,实现了从 Server 到 Pod 的通信路由,进而实现 Kubernetes 层级的虚拟转发网络运行。

③ Docker Engine

Docker Engine 为 Docker 引擎,是该节点上容器的直接创建者和管理者。

6.3 数据仓库搭建

煤矿安全隐患智能识别模型构建及系统运行依赖于煤矿生产和运营中产生的与安全隐患有关的海量数据,同时对这些数据的存储形式、结构、存储速度、访问速度等均有着较高要求。煤矿安全隐患大数据具有多源异构特征,要实现安全隐患的实时智能识别,需要对不同源数据进行高效整合,因此数据仓库建设至关重要。根据系统功能需要,煤矿安全隐患数据仓库应达到如下标准:

(1)数据回溯。数据仓库中的数据能够反映表征对象的历史变化,即能够对某一历史时间点的数据进行回溯。

(2)实时响应。数据仓库不仅能够存储和计算离线数据,也能够实时收集和计算煤矿生产过程中正在产生的数据,如人员定位信息、矿压、瓦斯等各种传感器的实时信息。

(3)数据完整。数据一旦进到数据仓库中,其内容不会被修改,只能被统计和分析,因此数据完整性好。

(4)即时查询。数据仓库能够提供 sql 或者其他能够对仓库内数据进行分析和查询的方法和途径,以满足除固定数据外的其他数据查询分析需求。

(5)商务智能应用。数据仓库能够提供商务智能功能,通过 OLAP、AI 等技术对数据进行分析、挖掘和展现,从而帮助企业实现商业价值。

(6)高可用性。当系统中的服务器或者部分服务出现故障时,整个数据仓库仍能够工作,提升了系统可靠性,减少了系统不能提供服务的时间。

(7)元数据管理。元数据是描述数据仓库内数据的结构和建立方法的数据。元数据为数据仓库提供了一个信息目录,这个目录全面描述了数据仓库中的数据信息,是数据仓库运行和维护的中心,因此数据仓库应具备完善的元数据管理功能。

为满足煤矿安全隐患数据仓库的技术需求,数据仓库基于大数据框架搭建,并采用

Flink 作为主要数据处理引擎。整个数据仓库架构分为七层,分别为应用层、任务调度层、数据计算层、资源管理层、数据存储层、数据传输层和数据来源层。数据仓库分层结构如图 6-7 所示。

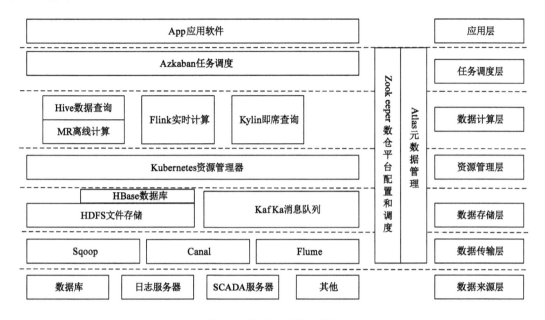

图 6-7 数据仓库分层结构

　　Zookeeper 和 Atlas 服务于整个数据仓库。Zookeeper 用于数据仓库集群管理,Atlas 用于数据仓库元数据管理。业务数据库、日志服务器等位于数据来源层,包括矿压、瓦斯、水文监测、隐患排查治理等系统的数据库和日志服务器。Flume、Sqoop 和 Canal 是数据抽取工具,位于数据传输层,用来将数据传输到数据仓库。KafKa、HDFS 和 HBase 三者位于数据存储层。KafKa 用于实时数据的存储,如人员车辆定位、矿压、瓦斯和水文等实时监测数据;HDFS 用于离线数据的存储。Kubernetes 为数据仓库提供基础运行环境,同时负责数据仓库的资源管理,位于资源管理层。MR(Map/Reduce)、Hive 和 Flink 位于数据计算层。Map/Reduce 和 Hive 负责离线计算,Flink 负责实时计算,Kylin 是即席查询数据仓库。整个煤矿的数据在数据计算层实现 ETL 转换。Azkaban 是任务调度器,位于任务调度层。应用层是用于展示或者应用数据的软件 App。

6.4 模型部署系统搭建

6.4.1 基于 NVIDIA Triton Inference Server 的在线推理服务器

6.4.1.1 NVIDIA Triton Inference Server

　　由于构建的煤矿安全隐患识别模型多为 AI 深度学习模型,这些模型的训练和使用需要依靠 GPU 以实现高效率的计算。为了实现安全隐患识别模型在整个煤矿生产和运营环境的部署,采用 NVIDIA Triton Server 作为模型在线推理服务器。NVIDIA Triton

Inference Server(简称 Triton Server)是 NVIDIA 公司推出的专门用于 AI 模型部署的服务系统。Triton Server 作为 NVIDIA GPU 或者算力卡专用的服务器,具有高资源利用率的特点,可以在一个 GPU 上同时运行多个模型实例,最大化利用硬件资源。此外,Triton Server 还在内部集成了模型调度工具,方便与模型管理系统对接,实现任务的编排和管理。

   Triton Server 支持多种主流的神经网络模型,包括 Tensorflow、TensorRT、PyTorch、ONNX Runtime 等。除了神经网络模型外,Triton Server 还支持 XGBoost、LightGBM、Scikit-Learn 等非神经网络的机器学习模型的推理。Triton Server 的结构如图 6-8 所示。

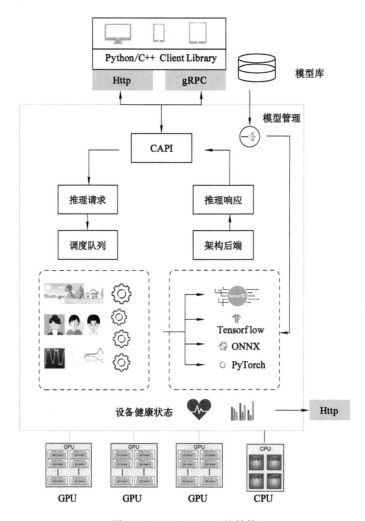

图 6-8　Triton Server 的结构

   在图 6-8 中,模型仓库(Model Repository)是一个文件系统,用于存储各种模型,Triton Server 支持的存储包括云端(AWS S3、谷歌云存储等)或本地文件系统。CAPI 是模型推理的基础接口,Http/REST 或 gRPC 的通信方式则通过转化为 CAPI 的方式与 Triton Server 进行通信。CAPI 将请求转发至对应的调度器(per-model scheduler,支持多种调度和批处理算法),调度器根据用户的配置信息将请求传送给推理模块,实现模型的推理。推理结束后,其结果以相同的访问形式返回。此外,Triton Server 的运行状态和健康情况可以随时利用 Http 进行查询。

由于 Triton Server 能够以 Docker 镜像方式部署和安装，因此可以很方便地利用 Kubernetes 统一管理。

6.4.1.2 基于 TensorRT 的模型优化

NVIDIA TensorRT 是用于高性能深度学习推理的 SDK，是一种高性能的 AI 深度学习推理模型优化器。TensorRT 与 Triton Server 和 NVIDIA GPU 相适应，支持 Tensorflow、Caffe 和 Pytorch 等几乎所有的深度学习框架。无论是大规模数据中心还是嵌入式平台，使用 TensorRT 都会显著提高在 NVIDIA GPU 上的深度学习推理性能。通过 TensorRT，可以在推理过程中更高效地利用显存和内存；可以将模型的计算转换为 INT8，从而提高吞吐量并保持准确度基本不变；可以根据不同的 GPU 平台选择最佳优化算法；可以将内核中的节点融合，优化 GPU 显存和带宽，更大限度减少显存占用。

TensorRT 能够对深度学习模型进行重构，将原模型中的某些运算合并在一起并根据 GPU 特性进行优化。例如：一个深度神经网络模型在优化前，一个卷积层、一个偏置层和一个激活层的网络结构需要调用三次对应的 API，利用 TensorRT 可以将这三者合并到一起并只调用一次 API。以 Inception Block 为例，TensorRT 合并神经网络的过程如图 6-9 至图 6-12 所示。

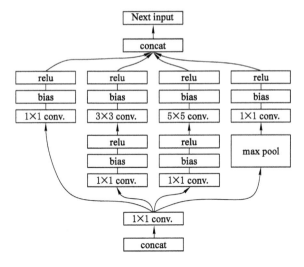

图 6-9　优化前网络结构

优化前的 Inception Block 网络又深又宽，如图 6-9 所示。

首先，TensorRT 对该网络结构进行垂直整合，将 Conv、BN 和 ReLU 三层融合为一层 CBR 层，如图 6-10 所示。

其次，TensorRT 对该网络结构进行水平组合，该操作将输入为相同张量且执行相同操作并在同一层级的运算模块合并到一起，如图 6-11 所示，input 输入后的三个相连的 1×1 的 CBR 被合并成一个 1×1 的 CBR。

最后，TensorRT 能够自动减少 contact 层，将结果直接送入下一层操作，从而减少一次传输吞吐，如图 6-12 所示。

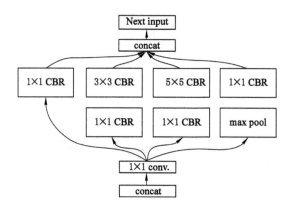

图 6-10　Conv、BN、ReLU 融合

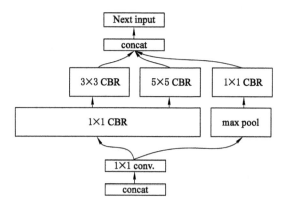

图 6-11　CBR 水平融合

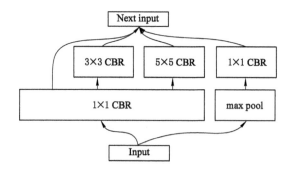

图 6-12　Contact 层消除

经过 TensorRT 优化后的神经网络能够大大减少推理时间,以 YoloX-M 和 YoloX-X 模型为例,其优化效果如图 6-13 所示。

在图 6-13 中,左图为速度对比,右图为模型的准确率对比,从图中可以看出,使用 TensorRT-fp16 精度对模型进行优化,可以在提升推理速度的同时基本保持模型的准确率。使用 TensorRT-int8 精度对模型进行优化,可以极大地提升模型的推理速度,但对模型准确

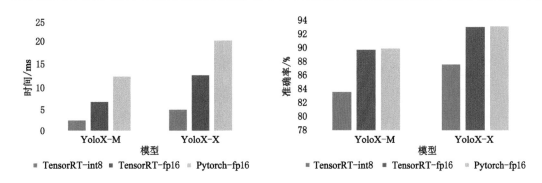

图 6-13　TensorRT 优化效果图

率的影响较大。因此,综合考虑速度与准确率,我们选用 TensorRT-fp16 精度对所用模型进行优化,以加快模型的推理速度。

6.4.2　基于 DeepStream 的数据流处理

我们采用 DeepStream 作为视频/数据流处理框架,将安全隐患识别任务引到流处理管道中,以实现对视频/数据流的实时分析。DeepStream 与 TensorRT 一样,也是为 NVIDIA 提供的 SDK,是一个通用的视频/数据流分析框架。事实上,DeepStream 是一个建立在开源多媒体分析框架 GStreamer 之上的 SDK。DeepStream 采用模块化的设计,模块被设计成了不同的插件,通过不同模块的组合构建一个高效的分析管道。

由于不同类型的安全隐患需要采用不同的识别方法,我们在研究中所采用的融合模型有时需要共享不同模型的中间结果,为了在实际生产和运营环境中提高系统的利用率和运行速度,避免相关目标重复检测,需要对安全隐患识别流程进行编排。基于视频图像数据和时间序列数据的安全隐患的识别流程如图 6-14 和图 6-15 所示。

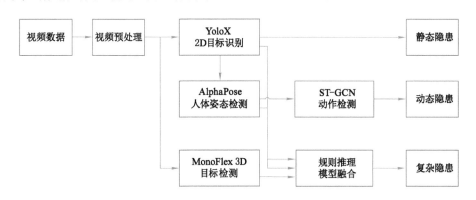

图 6-14　隐患识别流程(视频图像)

基于视频图像数据的隐患检测流程为:

(1)视频流输入后,先进行预处理,比如修改视频帧数、分辨率和形状等,并添加视频采集时间地点等信息。

(2)视频流经预处理后,采用 YoloX 网络进行目标识别和静态安全隐患识别,识别目标为人、未佩戴安全帽的头、煤矸石、铁器和火源等。

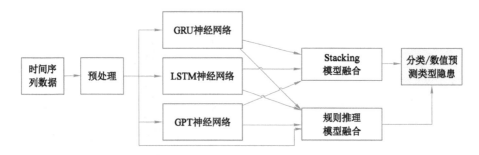

图 6-15　隐患识别流程（时间序列）

（3）如果检测到人，则开启动作检测，实现对摔倒、睡岗、疲劳作业等动态不安全行为以及行走、跳跃等常规动作的识别。这一过程会将 YoloX 对人类目标的检测结果送入 AlphaPose 人体姿态检测网络和 ST-GCN 动作检测网络进行识别。

（4）如果检测到复杂安全隐患的前置条件，比如人或者煤矸石，为了判定目标的位置信息，则采用 MonoFlex 3D 目标检测网络对皮带机、人、车辆进行检测。

（5）类似横跨皮带、违规扒车等复杂安全隐患，采用规则推理的方法根据事先设定好的规则综合目标检测、3D 目标检测、动作识别或者其他信息进行识别。

基于时间序列数据的安全隐患的识别流程为：

（1）时间序列数据输入后，首先进行预处理，如处理缺失值、使数据归一化等。

（2）时间序列数据经过 LSTM、GRU 和 GPT 神经网络得出各自的处理结果。

（3）LSTM、GRU 和 GPT 神经网络的结果经过 Stacking 模型融合，得出最终结果，判断是否为安全隐患。

（4）原始数据、LSTM、GRU、GPT 以及 Stacking 融合模型的结果也可以通过规则推理的方法实现对安全隐患的判断。

可以通过 DeepStream 展现上述安全隐患检测流程，以基于视频图像数据的安全隐患识别为例，基于 DeepStream 的视频流分析管道如图 6-16 所示。

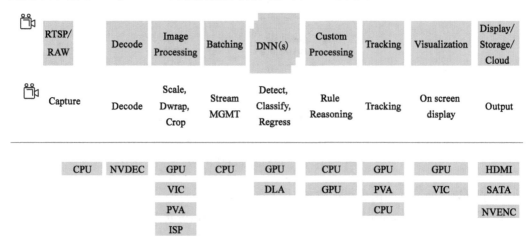

图 6-16　DeepStream 视频流分析管道

基于 DeepStream 的视频图像安全隐患检测流程为：

（1）视频流传入。视频流的来源可以是本地文件、RTSP 流或者直接通过本地的相机，流的获取和处理由 CPU 执行。

（2）视频解码。视频帧在内存中由 NVDEC 加速器进行解码（DECODE），对应 Gst-nvvideo4linux2 插件。

（3）视频预处理。在视频预处理过程中，可以对其中的图像进行预处理，包括图像矫正（dewap）、颜色空间转换（BGR2GRAY），分别对应 Gst-nvdewarper 插件和 Gst-nvvideoconvert 插件，视频预处理由 GPU 执行。

（4）批处理视频帧。为提升运算效率，DeepStream 采用批处理的方式实现对视频的推理，对应 Gst-nvstreammux 插件。

（5）视频推理（YoloX 目标检测）。视频帧被批量打包后便会进入视频推理流程，推理过程可以使用 TensorRT 实现加速。推理可以使用本地的 TensorRT inference 服务或者使用 Trion Server 服务，二者分别对应 Gst-nvinfer 插件和 Gst-nvinferserver 插件。在此阶段能够检测到静态安全隐患。

（6）二级检测。如果检测到人员，则开启二级检测程序，包括动作检测（AlphaPose 和 ST-GCN）和 3D 目标检测（MonoFlex），从而实现动态安全隐患和复杂安全隐患的检测，推理过程同步骤（5），其中对于复杂安全隐患的规则推理检测方法需要将检测结果送入第三级检测程序，该检测过程中需要用户自行完成插件的逻辑编写，通过继承 Gst-nvdsvideotemplate 模板插件而实现。

（7）目标跟踪。如果模型为目标识别模型，推理完成后可以对识别目标进行跟踪，插件为 Gst-nvtracker，可采用 KLT、NVDCF 以及我们在本研究中所采用的 DeepSort 算法进行目标跟踪。

（8）创建可视化构件。完成目标识别或者目标追踪任务后，应创建可视化构件，如目标包围框、物体掩模或标签。该过程对应 Gst-nvdsosd 插件。

（9）输出。视频推理的最后需要对结果进行输出，DeepStream 可以用多种方式输出结果，包括直接在本地屏幕上输出、本地磁盘保存、通过 RTSP 输出、分发云端等。Gst-nvmsgconv 插件提供输出负载，Gst-nvmsgbroker 插件提供云端链接。

DeepStream 对于时间序列数据流的处理过程和视频图像数据流的处理过程类似，但比视频流要更为简单，少了目标跟踪、创建可视化构件等过程。

6.5　应用层设计和实现

系统应用层 App 设计如图 6-17 至图 6-22 所示。App 基于 Vue 框架设计，分为桌面端和移动端。桌面端采用 B/S 模式设计，移动端采用 C/S 模式设计。整个系统分为三个主要模块：不安全行为识别模块、设备安全隐患识别模块和环境安全隐患识别模块。其中不安全行为识别模块包括视频监控子模块，而设备安全隐患和环境安全隐患识别模块除视频监控子模块外还包含了安全隐患预测和数值预测两个子模块。视频监控子模块能够对相关安全隐患进行查看并可以进行历史视频回放。安全隐患预测模块能够查看安全隐患的预警信息，数值预测模块能够查询相关传感器的历史预测记录。此外，当有安全隐患被识出时,系统可以发送邮件和短信通知相关责任人。

图 6-17 不安全行为展示界面

图 6-18 不安全行为回放界面

图 6-19 设备安全隐患展示界面

图 6-20 环境传感器监控界面

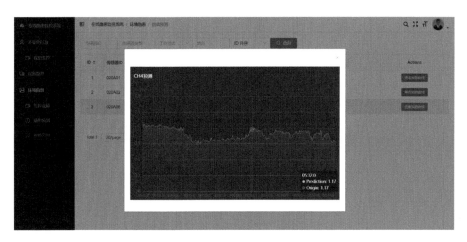

图 6-21 环境传感器预测界面

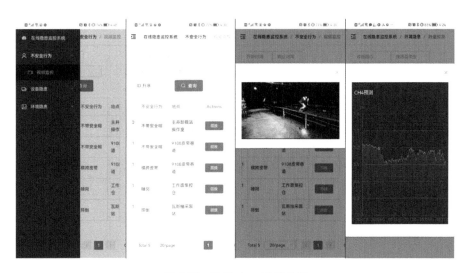

图 6-22 手机 App 展示界面

6.6 小　　结

本章对煤矿安全隐患智能识别系统进行了设计和初步开发。系统底层基于 Kubernetes＋Docker 搭建,能够灵活配置和部署系统的各个模块;采用基于 Flink 的大数据框架,建立了煤矿安全隐患数据仓库,实现了井下数据实时汇聚和存储,并为模型训练和运行提供数据源。

基于 Triton Server 和 DeepStream 技术实现了模型在线部署和推理;基于 TensorRT 技术实现了模型的优化,设计了安全隐患整体识别流程;基于 Vue 框架实现了桌面端和移动端两套应用层 App 的设计,初步完成了系统的开发和应用。

7 主要研究成果与展望

7.1 主要研究成果

综合利用云计算、大数据、通信、AI 等设备和技术解决煤矿安全隐患智能识别和综合治理等安全管理问题已成为智慧煤矿建设和运营中备受关注和研究的热点。首先,在深入分析了煤矿安全隐患大数据特征的基础上,总结了蕴含在这些数据中的隐患特征,对隐患进行了分类。其次,采用以深度学习为主的机器学习方法,有针对性地设计相应的安全隐患智能识别模型。最后,设计并初步实现了能够将这些模型应用到生产环境的整套安全隐患智能识别系统。本书主要取得以下研究成果:

(1) 将煤矿安全隐患大数据分为视频图像数据和时间序列数据,并对这两类数据中蕴含的安全隐患进行了分析并分类:视频图像主要来源于井下监控视频,蕴含的隐患包括人员、机器设备、环境三个方面,从识别特征上可以分为静态类型安全隐患、动态类型安全隐患和复杂类型安全隐患,需要采用计算机视觉中的 2D 目标识别模型、3D 目标识模型、动作识别模型以及规则推理方法实现安全隐患的识别。时间序列数据主要来源于井下环境和设备的传感器,蕴含的隐患主要包括环境和机器设备两个方面,从识别特征上可以分为基于数值预测识别的安全隐患和基于分类类型识别的安全隐患。需要采用自然语言处理中的数值预测模型和分类模型完成安全隐患的识别。

(2) 构建了基于视频图像数据的不同类型安全隐患智能识别模型,实现了利用视频图像数据对安全隐患进行智能识别。采用数据增强和基于 UE4 引擎合成数据的方法实现了训练数据集的扩充,并完成了模型的训练和实验对比:

① 针对不戴安全帽、有皮带异物、发火等静态安全隐患,构建了基于 YoloX 的安全隐患识别模型并采用 DeepSort 算法实现了隐患目标的追踪,识别准确率达到了 89.9%。在性能相差不大的情况下,其识别准确率高于 YoloV4、YoloV5 等模型。模型训练过程中采用的数据增强方法和合成数据使 YoloX 模型的准确率分别提升了 2.8% 和 4.3%。

② 针对井下打闹、摔倒、睡觉等动态不安全行为等隐患,构建了基于 YoloX＋AlphaPose＋ST-GCN 串联融合的安全隐患识别模型,识别准确率达到 90.0%。其中,AlphaPose 模型的准确率优于 OpenPose、Mask R-CNN 等模型,ST-GCN 模型的准确率优于 H-RNN、Temporal Conv 等模型。模型训练过程中采用的数据增强方法和合成数据使 AlphaPose 模型的准确率分别提升了 2.2% 和 4.8%,合成数据使 ST-GCN 模型的准确率提升了 6.6%。

③ 对于横跨皮带、违规扒车、行车行人以及非皮带专用摄像头场景下皮带异物检测等复杂安全隐患,采用组合融合法(规则推理)融合 YoloX、AlphaPose、ST-GCN、MonoFlex 等

模型构建了复杂安全隐患识别模型,对上述四种安全隐患的识别准确率分别达到了88%、92%、90%和89%。其中,MonoFlex 3D目标检测模型的性能优于CaDDN、Smoke等模型。合成数据使MonoFlex模型的准确率提升了3.2%。

(3)构建了基于时间序列数据的不同类型安全隐患智能识别模型,实现了利用时间序列数据对安全隐患进行智能识别。以瓦斯浓度预测和采煤机过热跳闸预测为例,采用LSTM、GRU、和GPT模型分别构建了基于数值预测的安全隐患识别模型和基于分类类型的安全隐患识别模型,并采用Stacking融合方法将这三种模型融合。采用数据合成方法实现了训练数据集的扩充,并完成了模型的训练和实验对比:

① 在瓦斯浓度预测任务中,LSTM、GRU、GPT和Stacking四种模型的RMSE分别达到了0.143、0.141、0.138和0.131,MAPE分别达到了1.12%、1.16%、1.11%和0.98%。在数值预测任务中,GPT模型的预测效果要优于LSTM和GRU模型,而Stacking融合模型的预测效果最佳。

② 在采煤机过热跳闸预测任务中,LSTM、GRU、GPT和Stacking四种模型的准确率分别达到了83.6%、84.5%、85.4%和89.2%,用于衡量二分类问题综合性能的F1-Score指标分别达到了0.496、0.480、0.517和0.595。在分类任务中,GPT模型的准确率和F1-Score要优于LSTM和GRU模型,而Stacking融合模型的性能最佳。模型训练过程中采用预训练策略和基于TimeGan模型生成的合成数据,使Stacking融合模型在采煤机过热跳闸预测任务中的准确率分别提升了6.9%和3.6%,F1-Score分别提升了0.156和0.074。

(4)设计并初步实现了基于视频图像数据和时间序列数据安全隐患智能识别模型的集成化系统。系统底层环境基于Kubernetes+Docker搭建,能够灵活配置和部署系统的各个模块。基于Flink的大数据框架,建立了煤矿安全隐患数据仓库,实现了井下数据实时汇聚和存储,并为模型的在线运行和离线训练提供了数据源。基于Triton Server和DeepStream技术实现了模型的在线部署和推理,基于TensorRT技术实现了模型的优化,设计了安全隐患的整体识别流程。基于Vue框架实现了桌面端和移动端两套应用层App的设计。整个系统融合了云计算、大数据和AI等技术,从而实现了安全隐患的智能识别和预警。

7.2 创 新 点

(1)构建了基于视频图像数据的不同类别安全隐患智能识别模型。采用数据增强和数据合成方法扩充数据集,以提升模型训练效果。在此基础上,采用YoloX目标检测模型构建了静态类型安全隐患识别模型,实现针对不戴安全帽、有皮带异物、发火等隐患的智能识别;采用YoloX+AlphaPose+ST-GCN串联融合模型构建了动态类型安全隐患识别模型,实现了对井下打闹、摔倒、睡觉等不安全行为等隐患的智能识别;采用规则推理方法,构建复杂场景安全隐患识别模型,综合多个模型结果实现对跨越皮带、违规扒车等安全隐患的智能识别。

(2)构建了基于时间序列数据的不同类别安全隐患智能识别模型。采用预训练策略并基于TimeGan数据合成方法扩充训练数据集,以提升模型训练效果。在此基础上,将基于时间序列数据的安全隐患识别问题分为数值预测问题和分类问题。采用NLP模型中的

GRU、LSTM 和 GPT 模型构建了上述两类安全隐患的识别模型,并采用 Stacking 方法将三种模型进行融合,进一步提升了安全隐患智能识别的准确率。

（3）设计了基于视频图像数据和时间序列数据安全隐患智能识别模型的集成化系统。基于 Kubernetes＋Docker 搭建了系统底层环境,采用 Flink 大数据框架构建了煤矿隐患数据仓库。基于 Triton Server 和 DeepStream 技术实现了模型的在线部署和推理。基于 TensorRT 技术实现了模型的优化,设计了隐患的整体识别流程。基于 Vue 框架实现了桌面端和移动端两套应用层 App 的设计,并初步完成了系统的开发和应用。

7.3　展　　望

在现有研究工作基础上,后期将重点开展以下研究:

（1）针对基于视频图像数据的安全隐患识别模型,未来将对其进行改进和完善,一是提高模型的识别准确率,二是减小模型的规模,提升模型的运行速度。尤其是单目 3D 目标检测模型,当前其检测准确率相对低,而且需要大量计算资源,是未来优化的重点对象。

（2）针对基于时间序列数据识别的安全隐患识别模型,下一阶段将根据识别对象,有针对性地选择模型构建方法,科学设计不同安全隐患判别标准和流程,提高模型训练效果,使构建的模型可以应用于煤矿安全管理实践。

（3）将煤矿安全隐患智能识别系统设计和开发进一步深化,选择具体生产煤矿进行布置和应用,通过实践对其进行检验和完善,使其成为智慧煤矿建设和运营系统重要的组成部分。

参 考 文 献

[1] 蔡莉,郝新宇,费宇鹏,等.中国企业再造工程的研究[J].工业工程,1998,1(4):1-4.

[2] 曾庆田,吕珍珍,石永奎,等.基于Prophet＋LSTM模型的煤矿井下工作面矿压预测研究[J].煤炭科学技术,2021,49(7):16-23.

[3] 陈小林.煤矿安全隐患量化管理信息化的研究[J].工矿自动化,2010,36(12):5-7.

[4] 陈晓晶,何敏.智慧矿山建设架构体系及其关键技术[J].煤炭科学技术,2018,46(2):208-212.

[5] 陈洋,王伟.采空区自燃火灾预报方法与监测新技术[J].煤矿安全,2021,52(8):118-122.

[6] 程健,王东伟,杨凌凯,等.一种改进的高斯混合模型煤矸石视频检测方法[J].中南大学学报(自然科学版),2018,49(1):118-123.

[7] 程晓阳,蒲阳,宋志强.基于瓦斯监控数据源的突出预警系统在下峪口煤矿的应用[J].矿业研究与开发,2021,41(7):161-165.

[8] 刁庶.隧道水害隐患磁共振旋转探测方法研究[D].长春:吉林大学,2020.

[9] 丁华,杨亮亮,杨兆建,等.数字孪生与深度学习融合驱动的采煤机健康状态预测[J].中国机械工程,2020,31(7):815-823.

[10] 董书宁,姬亚东,王皓,等.鄂尔多斯盆地侏罗纪煤田典型顶板水害防控技术与应用[J].煤炭学报,2020,45(7):2367-2375.

[11] 范彦阳,季卫斌,郭平.顶板冒顶隐患分区预测模型及应用实践[J].煤矿安全,2019,50(1):214-218.

[12] 冯晨鹏.基于EEMD与SVM的采煤机摇臂滚动轴承故障诊断[J].机械管理开发,2019,34(10):150-151.

[13] 冯吉成,许海涛,郑赟,等.煤巷复合顶板岩层失稳判别方法与冒顶隐患分级[J].煤炭工程,2019,51(8):78-83.

[14] 付华,刘雨竹,徐楠,等.基于多传感器-深度长短时记忆网络融合的瓦斯浓度预测研究[J].传感技术学报,2021,34(6):784-790.

[15] 付彤.矿用带式输送机智能集中控制系统设计[J].机械管理开发,2021,36(9):283-285.

[16] 高强,张凤荔,王瑞锦,等.轨迹大数据:数据处理关键技术研究综述[J].软件学报,2017,28(4):959-992.

[17] 郭昌放.基于多源数据协同和智能算法的煤矿工作面透明化系统研究[D].徐州:中国矿业大学,2020.

[18] 郭建行,程志恒,孔维一.综采工作面瓦斯涌出量数学预测模型建立及实测应用[J].煤

炭工程,2018,50(8):109-113.

[19] 郭建行,程志恒,孔维一.综采工作面瓦斯涌出量数学预测模型建立及实测应用[J].煤炭工程,2018,50(8):109-113.

[20] 郭如意,金杰,刘高华,等.基于双流快速区域卷积神经网络改进的人体动作识别算法[J].激光与光电子学进展,2020,57(24):346-350.

[21] 郭书英,武飞岐.锚杆支护巷道矿压监测仪的研发与应用[J].中国煤炭,2016,42(4):39-42.

[22] 过超.采煤机状态参数远程监测系统研究[D].淮南:安徽理工大学,2020.

[23] 韩建国.神华智能矿山建设关键技术研发与示范[J].煤炭学报,2016,41(12):3181-3189.

[24] 韩山杰,谈世哲.基于 TensorFlow 进行股票预测的深度学习模型的设计与实现[J].计算机应用与软件,2018,35(6):267-271.

[25] 韩燕,王汉斌.基于小波能谱熵-BPAdaboost 的采煤机摇臂轴承故障诊断[J].煤矿机械,2014,35(11):302-304.

[26] 郝爽,李国良,冯建华,等.结构化数据清洗技术综述[J].清华大学学报(自然科学版),2018,58(12):1037-1050.

[27] 黄群英,毛善君,李梅,等.基于三层 B/S 结构的一通三防管理信息系统[J].煤炭工程,2006,38(11):102-104.

[28] 贾澎涛,苗云风.基于堆叠 LSTM 的多源矿压预测模型分析[J].矿业研究与开发,2021,41(8):79-82.

[29] 蒋星星,李春香.2013—2017 年全国煤矿事故统计分析及对策[J].煤炭工程,2019,51(1):101-105.

[30] 金树军.瓦斯抽放系统中工业指针仪表自动识别及传输技术[J].煤矿安全,2021,52(6):149-152.

[31] 来文豪.基于多光谱波段选择的煤矸石识别和快速检测研究[D].淮南:安徽理工大学,2021.

[32] 李春贺.基于智慧矿山的安全风险分级管控与事故隐患排查治理系统[J].煤矿安全,2019,50(5):285-288.

[33] 李东,周勇.大数据在煤矿安全领域应用方法研究[J].煤炭经济研究,2018,38(6):39-45.

[34] 李娟莉,沈宏达,谢嘉成,等.基于数字孪生的综采工作面工业虚拟服务系统[J].计算机集成制造系统,2021,27(2):445-455.

[35] 李明.采煤机机电短程截割传动系统动态特性与控制研究[D].重庆:重庆大学,2019.

[36] 李润求,吴莹莹,施式亮,等.煤矿瓦斯涌出时序预测的自组织数据挖掘方法[J].中国安全生产科学技术,2017,13(7):18-23.

[37] 李首滨,李森,张守祥,等.综采工作面智能感知与智能控制关键技术与应用[J].煤炭科学技术,2021,49(4):28-39.

[38] 李晓燕,李弢,马尽文.高斯过程混合模型在含噪输入预测策略下的煤矿瓦斯浓度柔性预测[J].信号处理,2021,37(11):2031-2040.

[39] 廖巍.蒋家河煤矿瓦斯灾害预警系统研发[J].煤炭技术,2021,40(11):128-131.

[40] 刘备战,赵洪辉,周李兵.面向无人驾驶的井下行人检测方法[J].工矿自动化,2021,47(9):113-117.

[41] 刘斌,侯宇辉,王延辉.基于井下轨迹数据的煤矿人员违规行为识别[J].煤炭与化工,2021,44(10):82-85.

[42] 刘纯洁.上海智慧地铁的研究与实践[J].城市轨道交通研究,2019,22(6):1-6.

[43] 刘峰,曹文君,张建明.持续推进煤矿智能化 促进我国煤炭工业高质量发展[J].中国煤炭,2019,45(12):32-36.

[44] 刘海滨,刘浩,刘曦萌.煤矿安全数据分析与辅助决策云平台研究[J].中国煤炭,2017,43(4):84-88.

[45] 刘海滨,毛善君,刘浩.智能煤矿建设中的管理创新问题研究[J].煤炭经济研究,2019,39(4):15-19.

[46] 刘浩,刘海滨,孙宇,等.煤矿井下员工不安全行为智能识别系统[J].煤炭学报,2021,46(增2):1159-1169.

[47] 刘红宾,杨前.煤矿安全数据挖掘模型的构建及应用[J].山东煤炭科技,2009(5):127.

[48] 刘凯,徐冬寅.基于云计算的宠物疾病辅助诊疗服务平台的设计[J].黑龙江畜牧兽医,2018(22):93-95.

[49] 刘锁兰,顾嘉晖,王洪元,等.基于关联分区和ST-GCN的人体行为识别[J].计算机工程与应用,2021,57(13):168-175.

[50] 刘威,康国峰,徐万发.煤矿安全隐患排查治理模式的探索[J].煤矿安全,2009,40(增1):14-16.

[51] 刘鑫.超大采高采煤机摇臂振动监测分析与应用[J].煤矿机械,2021,42(11):159-161.

[52] 刘旭南,赵丽娟,付东波,等.采煤机截割部传动系统故障信号小波包分解方法研究[J].振动与冲击,2019,38(14):169-175.

[53] 刘毅,张海军,张学雷.矿井瓦斯抽放过程中瓦斯体积分数的控制[J].河南理工大学学报(自然科学版),2008,27(3):264-267.

[54] 卢新明,阚淑婷.煤矿动力灾害本源预警方法关键技术与展望[J].煤炭学报,2020,45(增1):128-139.

[55] 卢颖,吕希凡,郭良杰,等.基于Kinect的地铁乘客不安全行为识别方法与实验[J].中国安全生产科学技术,2021,17(12):162-168.

[56] 吕鹏飞,何敏,陈晓晶,等.智慧矿山发展与展望[J].工矿自动化,2018,44(9):84-88.

[57] 吕平洋,毛善君,侯立,等.基于GIS的煤矿瓦斯大数据管理与分析系统[J].煤矿安全,2022,53(3):125-131.

[58] 马小平,代伟.大数据技术在煤炭工业中的研究现状与应用展望[J].工矿自动化,2018,44(1):50-54.

[59] 马小平,杨雪苗,胡延军,等.人工智能技术在矿山智能化建设中的应用初探[J].工矿自动化,2020,46(5):8-14.

[60] 毛善君,崔建军,令狐建设,等.透明化矿山管控平台的设计与关键技术[J].煤炭学报,

2018,43(12):3539-3548.

[61] 毛善君,刘孝孔,雷小锋,等.智能矿井安全生产大数据集成分析平台及其应用[J].煤炭科学技术,2018,46(12):169-176.

[62] 毛善君,夏良,陈华州.基于安全生产的智能煤矿管控系统[J].煤矿安全,2018,49(12):102-107.

[63] 牛立东.基于数据挖掘法的矿井瓦斯联动监测[J].中国安全科学学报,2011,21(7):62-68.

[64] 庞义辉,王国法,任怀伟.智慧煤矿主体架构设计与系统平台建设关键技术[J].煤炭科学技术,2019,47(3):35-42.

[65] 钱鸣高,许家林.科学采矿的理念与技术框架[J].中国矿业大学学报(社会科学版),2011,13(3):1-7.

[66] 乔伟,靳德武,王皓,等.基于云服务的煤矿水害监测大数据智能预警平台构建[J].煤炭学报,2020,45(7):2619-2627.

[67] 秦忠诚,王鹤,李经凯,等.PNN 在煤矿带式输送机故障诊断中的应用[J].煤矿机械,2019,40(7):167-169.

[68] 任国强,韩洪勇,李成江,等.基于 FastYOLOv3 算法的煤矿胶带运输异物检测[J].工矿自动化,2021,47(12):128-133.

[69] 任志玲,朱彦存.改进 CenterNet 算法的煤矿皮带运输异物识别研究[J].控制工程,2023,30(4):703-711.

[70] 邵良杉.基于粗糙集理论的煤矿瓦斯预测技术[J].煤炭学报,2009,34(3):371-375.

[71] 史新国,翟勃,王卫龙.基于大数据智能的煤矿水害预测数据建模研究[J].自动化与仪器仪表,2021(10):37-40.

[72] 孙继平,李月.基于双目视觉的矿井外因火灾感知与定位方法[J].工矿自动化,2021,47(6):12-16.

[73] 孙继平,余星辰.基于声音识别的煤矿重特大事故报警方法研究[J].工矿自动化,2021,47(2):1-5.

[74] 孙继平.煤矿事故分析与煤矿大数据和物联网[J].工矿自动化,2015,41(3):1-5.

[75] 孙继平.煤矿信息化与智能化要求与关键技术[J].煤炭科学技术,2014,42(9):22-25.

[76] 谈国文.复杂矿区煤与瓦斯突出灾害多参量预警系统建设与应用[J].煤炭工程,2020,52(3):17-20.

[77] 谭璐.高校智慧图书馆建设的信息生态模式研究[J].图书馆工作与研究,2019(6):120-123.

[78] 谭章禄,马营营,郝旭光,等.智慧矿山标准发展现状及路径分析[J].煤炭科学技术,2019,47(3):27-34.

[79] 谭章禄,孙晓韦,邱硕涵.基于数据挖掘的煤矿安全隐患排查管理平台研究[J].煤炭技术,2018,37(10):160-163.

[80] 汤海龙.智慧矿山信息系统通用技术规范解读及关键技术探讨[J].煤炭科学技术,2018,46(S2):157-160.

[81] 田文洪,曾柯铭,莫中勤,等.基于卷积神经网络的驾驶员不安全行为识别[J].电子科

技大学学报,2019,48(3):381-387.

[82] 汪莹,周婷,王光岐,等.基于数据挖掘的安全管理信息系统研究:以某煤炭企业班组安全管理为例[J].中国矿业大学学报,2014,43(2):362-368.

[83] 王斌国.面向矿山瓦斯预警应用的多元多尺度数据融合方法研究[D].青岛:山东科技大学,2019.

[84] 王兵,乐红霞,李文璟,等.改进 YOLO 轻量化网络的口罩检测算法[J].计算机工程与应用,2021,57(8):62-69.

[85] 王兵,李文璟,唐欢.改进 YOLO v3 算法及其在安全帽检测中的应用[J].计算机工程与应用,2020,56(9):33-40.

[86] 王超,李大中.基于 LSTM 网络的风机齿轮箱轴承故障预警[J].电力科学与工程,2020,36(9):40-45.

[87] 王恩元,李忠辉,李保林,等.煤矿瓦斯灾害风险隐患大数据监测预警云平台与应用[J].煤炭科学技术,2022,50(1):142-150.

[88] 王贵祥,郭英,王旭,等.鲍店煤矿综掘面智能干式除尘系统研究应用[J].煤炭科技,2021,42(1):118-121.

[89] 王国法,杜毅博,庞义辉.6S 智能化煤矿的技术特征和要求[J].智能矿山,2022,3(1):2-13.

[90] 王国法,杜毅博.煤矿智能化标准体系框架与建设思路[J].煤炭科学技术,2020,48(1):1-9.

[91] 王国法,杜毅博.智慧煤矿与智能化开采技术的发展方向[J].煤炭科学技术,2019,47(1):1-10.

[92] 王国法,刘峰,孟祥军,等.煤矿智能化(初级阶段)研究与实践[J].煤炭科学技术,2019,47(8):1-36.

[93] 王国法,刘峰,庞义辉,等.煤矿智能化:煤炭工业高质量发展的核心技术支撑[J].煤炭学报,2019,44(2):349-357.

[94] 王国法,任怀伟,庞义辉,等.煤矿智能化(初级阶段)技术体系研究与工程进展[J].煤炭科学技术,2020,48(7):1-27.

[95] 王国法,王虹,任怀伟,等.智慧煤矿 2025 情景目标和发展路径[J].煤炭学报,2018,43(2):295-305.

[96] 王国法,赵国瑞,胡亚辉.5G 技术在煤矿智能化中的应用展望[J].煤炭学报,2020,45(1):16-23.

[97] 王国法,赵国瑞,任怀伟.智慧煤矿与智能化开采关键核心技术分析[J].煤炭学报,2019,44(1):34-41.

[98] 王龙康,聂百胜,蔡洪检,等.煤矿安全隐患动态分级闭环管理方法及应用[J].中国安全生产科学技术,2017,13(6):126-131.

[99] 王松,党建武,王阳萍,等.基于 3D 运动历史图像和多任务学习的动作识别[J].吉林大学学报(工学版),2020,50(4):1495-1502.

[100] 王万丽,孙超,宿国瑞.基于云平台的煤矿安全智能管控信息平台设计[J].煤炭工程,2019,51(6):52-56.

[101] 王义涵,刘磊,李瑶.主通风机机械故障智能诊断研究[J].煤矿机械,2019,40(12):153-156.

[102] 王勇,师款.基于 BP 神经网络技术的采煤机齿轮箱早期故障诊断[J].煤矿机械,2019,40(4):158-160.

[103] 王雨生,顾玉宛,封晓晨,等.基于姿态估计的安全帽佩戴检测方法研究[J].计算机应用研究,2021,38(3):937-940.

[104] 王雨生,顾玉宛,庄丽华,等.复杂姿态下的安全帽佩戴检测方法研究[J].计算机工程与应用,2022,58(1):190-196.

[105] 魏长胜.镇城底矿 22212 工作面高抽巷瓦斯抽采技术研究[J].煤炭与化工,2021,44(10):107-109.

[106] 温廷新,孔祥博.基于 KPCA-GA-BP 的煤矿瓦斯爆炸风险模式识别[J].安全与环境学报,2021,21(1):19-26.

[107] 温廷新,孔祥博.基于 KPCA-PSO-RBF-SVM 的矿井突水水源识别模型[J].辽宁工程技术大学学报(自然科学版),2020,39(1):6-11.

[108] 温廷新,王贵通,孔祥博,等.基于迁移学习与残差网络的矿工不安全行为识别[J].中国安全科学学报,2020,30(3):41-46.

[109] 吴开兴,范周艳.煤矿安全管理与评价系统的设计与实现[J].煤炭工程,2014,46(4):137-139.

[110] 吴立新.双碳目标下煤炭的责任和发展[J].煤炭经济研究,2021,41(7):1.

[111] 吴群英,蒋林,王国法,等.智慧矿山顶层架构设计及其关键技术[J].煤炭科学技术,2020,48(7):80-91.

[112] 谢和平,王金华,王国法,等.煤炭革命新理念与煤炭科技发展构想[J].煤炭学报,2018,43(5):1187-1197.

[113] 谢逸,张竞文,李韬,等.基于视频监控的地铁施工不安全行为检测预警[J].华中科技大学学报(自然科学版),2019,47(10):46-51.

[114] 徐静,谭章禄.智慧矿山系统工程与关键技术探讨[J].煤炭科学技术,2014,42(4):79-82.

[115] 徐磊,李希建.基于大数据的矿井灾害预警模型[J].煤矿安全,2018,49(3):98-101.

[116] 徐守坤,倪楚涵,吉晨晨,等.基于 YOLOv3 的施工场景安全帽佩戴的图像描述[J].计算机科学,2020,47(8):233-240.

[117] 徐卫鹏,徐冰.基于卷积神经网络的轴承故障诊断研究[J].山东科技大学学报(自然科学版),2021,40(6):121-128.

[118] 杨勇,谷小敏,张书林.煤矿安全隐患实时闭环管理技术的研究[J].煤矿开采,2015,20(6):115-118.

[119] 袁亮,张平松.煤炭精准开采地质保障技术的发展现状及展望[J].煤炭学报,2019,44(8):2277-2284.

[120] 袁亮.煤炭精准开采科学构想[J].煤炭学报,2017,42(1):1-7.

[121] 张超,张旭辉,毛清华,等.煤矿智能掘进机器人数字孪生系统研究及应用[J].西安科技大学学报,2020,40(5):813-822.

[122] 张纪元.基于"互联网+"的煤矿设备精细化管控系统研究与设计[J].中国煤炭,2015,41(8):94-97.

[123] 张佳丽,王蔚凡,关兴良.智慧生态城市的实践基础与理论建构[J].城市发展研究,2019,26(5):4-9.

[124] 张俭让,张晓雪.基于煤矿安全双控机制的 APP 系统[J].煤矿安全,2022,53(1):247-251.

[125] 张建国.平禹矿区煤与瓦斯突出事故分析及防治技术[J].煤炭科学技术,2018,46(10):9-15.

[126] 张巨峰,施式亮,鲁义,等.矿井瓦斯与煤自燃共生灾害:耦合关系、致灾机制、防控技术[J].中国安全科学学报,2020,30(10):149-155.

[127] 张新,胡晓东,魏嘉伟.基于云计算的地理信息服务技术[J].计算机科学,2019,46(S1):532-536.

[128] 张益,冯毅萍,荣冈.智慧工厂的参考模型与关键技术[J].计算机集成制造系统,2016,22(1):1-12.

[129] 张宇驰,陈义,李鸿.基于视频技术的煤矿在线应急预警系统的研究与应用[J].煤炭技术,2022,41(2):189-193.

[130] 张长鲁.煤矿事故隐患大数据处理与知识发现分析方法研究[J].中国安全生产科学技术,2016,12(9):176-181.

[131] 赵江平,王垚.基于图像识别技术的不安全行为识别[J].安全与环境工程,2020,27(1):158-165.

[132] 赵亮.基于 BIM 的三维协同设计技术在煤矿设计企业中的应用[J].煤炭工程,2017,49(6):29-31.

[133] 赵仕元.浅埋煤层高强度开采覆岩切落式塌陷灾害演化规律及影响因素分析[J].煤炭工程,2020,52(5):126-132.

[134] 赵书田.当前我国煤矿事故隐患分析[J].工业安全与防尘,1987,13(8):3-8.

[135] 赵旭生,马国龙,乔伟,等.基于事故树分析的煤与瓦斯突出预警指标体系[J].矿业安全与环保,2019,46(3):37-43.

[136] 赵增玉.煤矿易发安全隐患及预防措施[J].工矿自动化,2016,42(6):25-29.

[137] 赵作鹏,宋国娟,宗元元,等.基于 D-K 算法的煤矿水灾多最优路径研究[J].煤炭学报,2015,40(2):397-402.

[138] 郑磊.基于时序数据的工作面设备故障预测研究[J].工矿自动化,2021,47(8):90-95.

[139] 郑勇,钱正春,杨小兰.基于小波神经网络的煤矿提升机轴承故障诊断[J].煤矿机械,2021,42(3):177-179.

[140] 钟俞先.基于大数据平台的煤矿智能工作面动态视频监控系统设计[J].煤矿机械,2022,43(1):177-179.

[141] 仲晓星,王建涛,周昆.矿井煤自燃监测预警技术研究现状及智能化发展趋势[J].工矿自动化,2021,47(9):7-17.

[142] 朱云鹏,黄希,黄嘉兴.基于 3D CNN 的人体动作识别研究[J].现代电子技术,2020,

43(18):150-152.

[143] CAO Z,HIDALGO G,SIMON T,et al. OpenPose:realtime multi-person 2D pose estimationusing part affinity fields[J]. IEEE Transactions on Pattern Analysis and Machine Intelligence,2021,43(1):172-186.

[144] CORTES C,VAPNIK V. Support-vector networks[J]. Machine Learning,1995,20 (3):273-297.

[145] CUI X L. Coal Mine Flood Risk Analysis based on Fuzzy Evaluation Method[J]. Journal of Physics:Conference Series,2019,1176:042095.

[146] DANISH E,ONDER M. Application of fuzzy logic for predicting of mine fire in underground coal mine[J]. Safety and Health at Work,2020,11(3):322-334.

[147] DASH A K. Analysis of accidents due to slope failure in Indian opencast coal mines [J]. Current Science,2019,117(2):304.

[148] DE COCK C,HIPKIN I. TQM and BPR:beyond the beyond myth[J]. Journal of Management Studies,1997,34(5):659-675.

[149] DENG M,LIU D F,LIU H,et al. Research and design of pre-warning system forcoal and gas outburst based on data mining[J]. Applied Mechanics and Materials,2013, 336/337/338:1204-1207.

[150] DEY P,CHAULYA S K,KUMAR S. Hybrid CNN-LSTM and IoT-based coal mine hazards monitoring and prediction system[J]. Process Safety and Environmental Protection,2021,152:249-263.

[151] DEY P,SAURABH K,KUMAR C,et al. T-SNE and variational auto-encoder with a bi-LSTM neural network-based model for prediction of gas concentration in a sealed-off area of underground coal mines[J]. Soft Computing, 2021, 25 (22): 14183-14207.

[152] DING L Y,FANG W L,LUO H B,et al. A deep hybrid learning model to detect unsafe behavior: integrating convolution neural networks and long short-term memory[J]. Automation in Construction,2018,86:118-124.

[153] FANG W L,LOVE P E D,LUO H B,et al. Computer vision for behaviour-based safety in construction:a review and future directions[J]. Advanced Engineering Informatics,2020,43:100980.

[154] FREUND Y. Boosting a weak learning algorithm by majority[J]. Information and Computation,1995,121(2):256-285.

[155] FU G,XIE X C,JIA Q S,et al. Accidents analysis and prevention of coal and gas outburst:understanding human errors in accidents[J]. Process Safety and Environmental Protection,2020,134:1-23.

[156] GHEMAWAT S,GOBIOFF H,LEUNG S T. The Google file system[J]. ACM SIGOPS Operating Systems Review,2003,37(5):29-43.

[157] HE K M,ZHANG X Y,REN S Q,et al. Deep residual learning for image recognition [C]//2016 IEEE Conference on Computer Vision and Pattern Recognition

(CVPR). Las Vegas, NV, USA. IEEE, 2016:770-778.

[158] HINTON G E. Training products of experts by minimizingcontrastive divergence [J]. Neural Computation, 2002, 14(8):1771-1800.

[159] HOWARD A, SANDLER M, CHEN B, et al. Searching for MobileNetV3[C]//2019 IEEE/CVF International Conference on Computer Vision (ICCV). Seoul, Korea (South). IEEE, 2019:1314-1324.

[160] HU J, SHEN L, ALBANIE S, et al. Squeeze-and-excitation networks[J]. IEEE Transactions on Pattern Analysis and Machine Intelligence, 2020, 42(8):2011-2023.

[161] HUANG Q Y, CERVONE G, ZHANG G M. A cloud-enabled automatic disaster analysis system of multi-sourced data streams: an example synthesizing social media, remote sensing and Wikipedia data[J]. Computers, Environment and Urban Systems, 2017, 66:23-37.

[162] JIA J G, ZHOU Y F, HAO X W, et al. Two-stream temporal convolutional networks for skeleton-based human action recognition[J]. Journal of Computer Science and Technology, 2020, 35(3):538-550.

[163] JIA P T, LIU H D, WANG S J, et al. Research on a mine gas concentration forecasting model based on a GRU network[J]. IEEE Access, 2020, 8:38023-38031.

[164] JO B, KHAN R. An event reporting and early-warning safety system based on the Internet of Things for underground coal mines: a case study[J]. Applied Sciences, 2017, 7(9):925.

[165] LI B, WU Q, LIU Z J. Identification of mine water inrush source based on PCA-FDA: xiandewang coal mine case[J]. Geofluids, 2020, 2020:2584094.

[166] LI L N, XIE D L, WEI J C, et al. Analysis and control of water inrush under high-pressure and complex karstic water-filling conditions [J]. Environmental Earth Sciences, 2020, 79(21):493.

[167] LI M, WANG D M, SHAN H. Risk assessment of mine ignition sources using fuzzy Bayesian network[J]. Process Safety and Environmental Protection, 2019, 125:297-306.

[168] LI R Q, SHI S L, WU A Y, et al. Research on Prediction of Gas Emission based on Self-organizing Data Mining in Coal Mines [J]. Procedia Engineering, 2014, 84:779-785.

[169] LI W, YE Y C, WANG Q H, et al. Fuzzy risk prediction of roof fall and rib spalling: based on FFTA-DFCE and risk matrix methods[J]. Environmental Science and Pollution Research, 2020, 27(8):8535-8547.

[170] LIANG R, CHANG X T, JIA P T, et al. Mine gas concentration forecasting model based on an optimized BiGRU network[J]. ACS Omega, 2020, 5(44):28579-28586.

[171] LIU P, HAN S Z, MENG Z B, et al. Facial expression recognition via a boosted deep belief network [C]//2014 IEEE Conference on Computer Vision and Pattern Recognition. Columbus, OH, USA. IEEE, 2014:1805-1812.

[172] LIU S H,SHAO L S,LU L. Research on forecast method of coal mine emergencies base on rough sets-neural network and case-based reasoning[C]//2013 Third International Conference on Intelligent System Design and Engineering Applications. Hong Kong,China. IEEE,2013:1171-1174.

[173] LYU P Y,CHEN N,MAO S J,et al. LSTM based encoder-decoder for short-term predictions of gas concentration using multi-sensor fusion[J]. Process Safety and Environmental Protection,2020,137:93-105.

[174] MA J Q,DAI H. A methodology to construct warning index system forcoal mine safety based on collaborative management[J]. Safety Science,2017,93:86-95.

[175] MARINAKIS V,DOUKAS H,TSAPELAS J,et al. From big data to smart energy services:an application for intelligent energy management[J]. Future Generation Computer Systems,2020,110:572-586.

[176] MISHRA D P,PANIGRAHI D C,KUMAR P,et al. Assessment of relative impacts of various geo-mining factors on methane dispersion for safety in gassy underground coal mines: an artificial neural networks approach[J]. Neural Computing and Applications,2021,33(1):181-190.

[177] OLSHAUSEN B A,FIELD D J. Emergence of simple-cell receptive field properties by learning a sparse code for natural images[J]. Nature,1996,381:607-609.

[178] PENG G Z,WANG H W,SONG X,et al. Intelligent management of coal stockpiles using improved grey spontaneous combustion forecasting models[J]. Energy,2017, 132:269-279.

[179] PORTOLA V,LEE H U,BOTVENKO D,et al. Increasing spontaneous combustion risk while reducing the coal particle size[J]. E3S Web of Conferences, 2019, 105:01029.

[180] PREMA K,SENTHIL KUMAR N,DASH SS,et al. Online intelligent controlled mine detecting robot[J]. International Journal of Computer Applications, 2012, 41(17):9-16.

[181] QU X Y,YU X G,QU X W,et al. Gray evaluation of water inrush risk in deep mining floor[J]. ACS Omega,2021,6(22):13970-13986.

[182] REDMONJ, FARHADI A. YOLO9000: better, faster, stronger[C]//2017 IEEE Conference on Computer Vision and Pattern Recognition (CVPR). Honolulu, HI, USA. IEEE,2017:6517-6525.

[183] ROSENBLATT F. The perceptron:a probabilistic model for information storage and organization in the brain[J]. Psychological Review,1958,65(6):386-408.

[184] SANDLER M,HOWARD A,ZHU M L,et al. MobileNetV2:inverted residuals and linear bottlenecks[C]//2018 IEEE/CVF Conference on Computer Vision and Pattern Recognition. Salt Lake City,UT,USA. IEEE,2018:4510-4520.

[185] SOKOLOVA A, KONUSHIN A. Pose-based deep gait recognition[J]. IET Biometrics,2019,8(2):134-143.

[186] SONG S J, LAN C L, XING J L, et al. Spatio-temporal attention-based LSTM networks for 3D action recognition and detection[J]. IEEE Transactions on Image Processing: a Publication of the IEEE Signal Processing Society, 2018, 27 (7): 3459-3471.

[187] SUN G, CHEN J, ZHOU H P, et al. Construction of mine pressure monitoring information data warehouse [C]//Proceedings 2013 International Conference on Mechatronic Sciences, Electric Engineering and Computer (MEC). Shenyang, China. IEEE, 2013: 2712-2715.

[188] TAN M X, CHEN B, PANG R M, et al. MnasNet: platform-aware neural architecture search for mobile[EB/OL]. 2018: arXiv: 1807. 11626. http://arxiv. org/abs/1807. 11626.

[189] TERZIOVSKI M, FITZPATRICK P, O'NEILL P. Successful predictors of business process reengineering (BPR) in financial services [J]. International Journal of Production Economics, 2003, 84(1): 35-50.

[190] WANG G, WEI J J, YAO B H. A coalmine water inrush prediction model based on artificial intelligence[J]. International Journal of Safety and Security Engineering, 2020, 10(4): 501-508.

[191] WANG L, MA Z Q, ZHU J H. The forecast of mine water quantities in qiupigou mine based on BP algorithm[J]. Advanced Materials Research, 2012, 610/611/612/613: 2435-2439.

[192] WIDROW B. Adaptive model control appliedto real-time blood-pressure regulation [M]//FU KS. Pattern Recognition and Machine Learning. Boston, MA: Springer, 1971: 310-324.

[193] WU J S, YUAN S Q, ZHANG C, et al. Numerical estimation of gas release and dispersion in coal mine using Ensemble Kalman Filter [J]. Journal of Loss Prevention in the Process Industries, 2018, 56: 57-67.

[194] WU Y Q, CHEN M M, WANG K, et al. A dynamic information platform for underground coal mine safety based on Internet of Things[J]. Safety Science, 2019, 113: 9-18.

[195] XIAO W C, LIU H L, MA Z J, et al. Attention-based deep neural network for driver behavior recognition[J]. Future Generation Computer Systems, 2022, 132: 152-161.

[196] XU Y H, MENG R T, ZHAO X. Research on a gas concentration prediction algorithm based on stacking[J]. Sensors, 2021, 21(5): 1597.

[197] XU Y, LI Z J, LIU H S, et al. A model for assessing the compound risk represented by spontaneous coal combustion and methane emission in a gob [J]. Journal of Cleaner Production, 2020, 273: 122925.

[198] YAN P C, SHANG S H, ZHANG C Y, et al. Research on the processing of coal mine water source data by optimizing BP neural network algorithm with sparrow search algorithm[J]. IEEE Access, 2021, 9: 108718-108730.

[199] YAN S J,XIONG Y J,LIN D H. Spatial temporal graph convolutional networks for skeleton-based action recognition[EB/OL]. 2018:arXiv:1801. 07455. http://arxiv. org/abs/1801. 07455.

[200] YANG W J,ZHANG X H,MA H W,et al. Infrared LEDs-based pose estimation with underground camera model for boom-type roadheader in coal mining[J]. IEEE Access,2019,7:33698-33712.

[201] ZHANG H,YAO D X. The Bayes recognition model for minewater inrush source based on multiple logistic regression analysis[J]. Mine Water and the Environment, 2020,39(4):888-901.

[202] ZHANG M C. Prediction of rockburst hazard based on particle swarm algorithm and neural network[J]. Neural Computing and Applications,2022,34(4):2649-2659.

[203] ZHANG Y G,YANG L N. A novel dynamic predictive method of water inrush from coal floor based on gated recurrent unit model[J]. Natural Hazards,2021,105(2): 2027-2043.

[204] ZHANG Z Y,TRAN L,YIN X,et al. Gait recognition via disentangled representation learning[C]//2019 IEEE/CVF Conference on Computer Vision and Pattern Recognition (CVPR). Long Beach,CA,USA. IEEE,2019:4705-4714.

[205] ZHAO H Z,HE Q,WEI Z,et al. Predicting hidden danger quantity in coal mines based on gray neural network[J]. Symmetry,2020,12(4):622.

[206] ZHAO Y F,TIAN S C. Hazard identification and early warning system based on stochastic forest algorithm in underground coal mine[J]. Journal of Intelligent & Fuzzy Systems,2021,41(1):1193-1202.